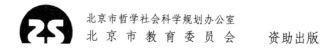

北京市哲学社会科学规划办公室

北京市教育委员会 　资助出版

首都城乡接合部环境治理研究

主　编｜刘承水　胡雅芬

副主编｜周秀玲　冀文彦

光明日报出版社

图书在版编目（CIP）数据

首都城乡接合部环境治理研究 / 刘承水，胡雅芬主
编 . -- 北京：光明日报出版社，2021.5
ISBN 978 - 7 - 5194 - 5976 - 5

Ⅰ.①首⋯ Ⅱ.①刘⋯ ②胡⋯ Ⅲ.①城乡结合部—
环境综合整治—研究—北京 Ⅳ.①X321.21

中国版本图书馆 CIP 数据核字（2021）第 071444 号

首都城乡接合部环境治理研究

SHOUDU CHENGXIANG JIEHEBU HUANJING ZHILI YANJIU

主　编：刘承水　胡雅芬	副 主 编：周秀玲　冀文彦
责任编辑：宋　悦	责任校对：李小蒙
封面设计：中联华文	责任印制：曹　净

出版发行：光明日报出版社

地　　址：北京市西城区永安路 106 号，100050

电　　话：010 - 63169890（咨询），010 - 63131930（邮购）

传　　真：010 - 63131930

网　　址：http：//book.gmw.cn

E - mail：songyue@ gmw.cn

法律顾问：北京德恒律师事务所龚柳方律师

印　　刷：三河市华东印刷有限公司

装　　订：三河市华东印刷有限公司

本书如有破损、缺页、装订错误，请与本社联系调换，电话：010 - 63131930

开　　本：170mm×240mm		
字　　数：237 千字	印　　张：14.5	
版　　次：2021 年 5 月第 1 版	印　　次：2021 年 5 月第 1 次印刷	
书　　号：ISBN 978 - 7 - 5194 - 5976 - 5		
定　　价：58.00 元		

前　言

　　城乡接合部是连接城市与乡村的一个逐渐变化的过渡地带。它是具有一定的经济发展前途，但又缺少系统管理和城市功能的发展区域。中国近30年来快速的城市化和工业化使众多城市的城乡接合部面临着前所未有的环境压力。随着城市化水平的提升和经济的快速发展，北京的城市规模、人口规模快速扩张，城乡接合部作为城市发展和农村发展相协调的重要纽带，承载着资源聚合、功能疏解、生态保护、区域发展等重要功能。但长期以来，由于缺乏统一规划、土地管理混乱、建设管理失衡等多方面原因，城乡接合部地区管理体制滞后，人口过度聚集，环境秩序脏乱，治安秩序问题突出，给城市可持续发展和首都安全稳定带来很大隐患，成为城市建设管理最薄弱的地区。

　　作为北京市哲学社会科学规划办公室和市教委共建的唯一一家以城市管理和环境管理为主要研究领域的基地，首都城市环境建设研究基地在城市环境管理方面进行了积极探索和深入研究。研究基地主要进行两方面研究：首都生态环境研究和首都城市秩序环境研究。其中，首都生态环境研究包括生态城市建设、污染治理、城市运行安全、可持续发展以及城市发展转型等内容；首都城市秩序环境研究包括城市服务体系、城市的精细化和法制化管理、公民行为秩序等内容。研究基地自成立以来，承担了20余项省部级课题，产出了一批优秀的科研成果，为首都城市环境管理和建设贡献了自己的力量。本书收录了部分基地所承担省部级课题的研究成果，分别从综合执法、社会治理、京津冀一体化等视角对北京市环境问题尤其是城乡接合部环境的综合治理问题进行了深入探讨并提出了相应对策建议。

　　本书出版得到了北京市哲学社会科学基金的资助，在编辑出版过程中得到了相关人员的大力支持与配合，特别是光明日报出版社的大力支持，在此表示衷心感谢！

编者

2020 年 11 月

目 录
CONTENTS

第一章

城管执法视角：北京市城乡接合部环境秩序现状与治理研究

第一节　城乡接合部环境治理国内外研究现状

城乡接合部是连接城市与乡村的一个逐渐变化的过渡地带。它是具有一定的经济发展前途，但又缺少系统管理和城市功能的发展区域。中国近30年来快速的城市化和工业化使众多城市的城乡接合部面临着前所未有的环境压力。特别是近年来，一些城市为了改善中心城区环境质量，促进污染企业外迁，使城乡接合部常常成为各类污染企业的聚集区；城乡接合部也常被选作城市生活垃圾的堆置、填埋和焚烧场所；加上技术水平落后、污染扩散面大的乡镇企业往往密集分布于此，使该区域成为环境污染的重灾区。总之，我国的城乡接合部地区外来流动人口多、基础设施不完备、环境规划相对薄弱、社会管理难度大，环境污染严重。

20世纪上半叶开始，国外部分学者已经开始研究城市与乡村之间独特的地域发展情况。德国地理学家赫伯特·路易斯（Herbert Louis）于1936年最早提出城市边缘区（Stadtrand zonen）概念。普里奥（Robin J. Pryor）进一步提出了乡村—城市边缘带（Rural-urban fringe）的概念，认为该地域是城市区域增长边缘上的复杂的过渡地带。国内学者关注和讨论这一地域现象始于20世纪80年代中期：一是学界从国外引进的"城市边缘带"等概念；二是规划界与土地管理部门提出的"城乡接合部"概念，认为城乡接合部是"城市市区与郊区交错分布的接壤地带"。宋国恺从城乡接合部的概念、特点、土地利用、社会稳定发展等几方面进行梳理。罗彦等对中国城乡边缘区的研究阶段、地域界定、社会结构和问题、经济特征、城市规划和建设、环境保护以及可持续发展等内容进行了总结和评述。孔祥利从政府的角度分析了城乡接合部政府治理转型的困境及表现，详细描述了城乡接合部政府治理转型的几个关键环节，最后就如何突围提出了对策建议。汪元元等基于对北京市城乡接合部污水处理工程示范村的调查研究，对该地区的污水处理设施运行管理现状和当前污水处理设施运行管理机制进行探讨，指出依托区县水务局进行统一管理是城乡接合部地区污水处理设施运行的有效管理模式，并且提出了一系列相应的运行管理政策。

通过文献梳理可知，受发展阶段的影响，发达国家大部分城市的城乡接合部环境质量较好，近年来针对该区域环境污染问题的研究也相对较少，而在众多发展中国家，很多城市的城乡接合部都面临着严重的环境污染问题，特别是在人口众多而社会经济发展较快的中国和印度，近年来相关研究相对较多。

而且，在传统的学科分割的背景下，研究者多采取单学科方法研究城乡接合部 HES 难以满足对该区域 HES 交互作用关系与动态演变特征研究的需求。在实践中，其理论指导城乡接合部规划与管理也存在困难，一些针对城乡接合部土地利用的单功能区划，没有意识到该区域土地利用影响因素的多样性与复杂性，往往难以获得成功。一些城市如维也纳、东京、首尔、伦敦等进行环城绿化隔离带规划和建设以控制城市的无序蔓延，但最终没有达到预期的目标。

究其原因，在于环城绿化隔离带的建设没有实现同周边社会、经济要素的有效耦合，使得城市按着自身的演变规律继续向外迅速扩张。缺乏理论的支撑，城市管理决策者常常不能正确理解城乡接合部土地利用、生态环境与社会经济发展间存在的错综复杂的交互作用关系，在制定城乡接合部 HES 管理与调控措施时容易顾此失彼，不能有效促进该区域 HES 的整体优化与可持续发展。

目前国内现有的研究多是针对城乡接合部某一类环境问题进行研究，很少从综合的、系统的角度进行城乡接合部的环境问题的探讨。对城乡接合部环境问题的演进过程及影响因素多以定性的碎片化的研究为主。此外，很少有文献涉及适合城乡接合部特点的环境评价标准，对于城乡接合部环境问题的综合治理模式，尤其缺乏针对北京城乡接合部环境综合治理的研究。

本书将站在北京市城市发展这一复杂大系统的角度，对北京城乡接合部的环境状况以及现有环境治理政策的实施情况进行调研，分析其现状、问题和发展趋势，并结合模型分析结果提出北京市城乡接合部环境治理的方式及路径。

第二节 北京市城乡接合部环境治理现状分析

随着城市化水平的提升和经济的快速发展，北京的城市规模、人口规模快速扩张，城乡接合部作为城市发展和农村发展相协调的重要纽带，承载着资源聚合、功能疏解、生态保护、区域发展等重要功能。2013 年以来，按照首都生态文明和城乡环境建设的部署，围绕城乡接合部地区环境秩序开展了系列整治活动，仅城管执法系统就受理群众举报 222 万件，查处违法行为 800 余万起，年均上升 23.8%；立案 44.6 万起，年均上升 88%；参与拆除违法建设 4398 万平方米，占全市的 70% 以上。在治理城乡接合部环境秩序上取得一定成效。但长期以来，由于缺乏统一规划、土地管理混乱、建设管理失衡等多方面原因，城乡接合部地区管理体制滞后，人口过度聚集、环境秩序脏乱、治安秩序问题突出，给城市可持续发展和首都安全稳定带来很大隐患，成了北京城市建设管理最薄弱的地区。

随着我国经济的快速发展，首都的建设速度越来越快，城市化水平越来越高，首都城乡接合部地区的建设也随之提上日程。城乡接合部是个特殊的地区，居住的人口结构、产业分级、空间布局处于城市与农村接合的中间地带，这一地区不仅有城市生活的面貌，也有农村生活的场景，城乡接合部地方在不断地发展变化过程中，随着城市化建设水平的不断加速，该地区的环境越来越恶化，严重影响了市容市貌，治理城乡接合部的环境污染，减轻其环境压力，能够促进城乡和谐，改善城乡接合部地区公共安全问题和治安秩序、经营秩序、环境秩序，保障居民生产生活井然有序。

一、北京市城乡接合部地区环境现状及问题

北京城乡接合部的形成经历了一个漫长的时期，随着 20 世纪 80 年代初三环路、1999 年四环路、2003 年五环路、2009 年六环路的建成通车，展现了城乡接合部围绕中心城区不断蔓延的事实。2016 年，城乡接合部在行政界线上主要集中在首都功能拓展区与城市发展新区的接壤地带（四环和六环之间），涉及

67 个街乡镇、571 个行政村,现共有户籍人口 137.4 万人、流动人口 323.2 万人,分别占全市总数的 10.2% 和 43.3%。城乡接合部地区环境秩序问题突出,2016 年重点整治的 60 个重点(社区)村涉及的 50 个乡镇,1—9 月 "96310" 城管热线受理举报 11.6 万件,占全市的 33%,其中无照经营、露天烧烤、非法营运、夜间施工、违法建设、店外经营共占 78.5%,是城乡接合部的环境突出问题。

(一)流动人口过度聚居

目前北京城乡接合部地区流动人口规模较大,而且人口倒挂问题严重,过度聚居现象突出。从街乡镇层面看,户籍人口和流动人口倒挂的街乡镇 45 个,占接合部地区街乡镇数的 67.2%,占全市街乡镇总数的 13.9%。从(社区)村层面看,人口倒挂比 1:10 以上的(社区)村有 29 个,占接合部地区行政村数的 5.6%;倒挂比 1:5 以上的(社区)村 69 个,占接合部地区行政村数的 12.1%;倒挂比例最严重的地区高达 1:30 以上。此外,据统计,2016 年市级挂账城乡接合部 100 个重点村中,人口倒挂比 1:5 以上的有 50 个,流动人口万人以上的 42 个。特别是近年来城区综合治理力度加强,大力拆除违法建设,各类综合市场外迁,部分疏解的流动人口向城乡接合部迁移流动,人口倒挂趋向严重。人口的过度聚居造成社区内部公共空间与公共资源的紧张与竞争性使用,导致违法建设严重、低端业态聚集、市场秩序混乱等环境秩序问题的发生。

(二)违法建设问题突出

城乡接合部地区兼具城市和乡村的土地使用性质,土地管理较为混乱,违法建设情况十分普遍。近年来,全市持续保持了控违拆违的高压态势,全市共拆违 4.4 万处 4608 万平方米,其中,共拆除新增违法建设 4318 处 108 万平方米。虽然新增违法建设基本得到控制,但由于存量较大,拆违任务艰巨。在城乡接合部地区,大量国有企业、机关事业单位的国有土地、废旧厂房和公共设施被改建成大院、公寓对外出租,吸纳了大量流动人口聚居和低端业态聚集。此外,由于城乡接合部地区 "瓦片经济" 大量存在,农民宅基地上的违建房和集体土地上的出租大院、废品大院、加工大院等也规模庞大。据不完全统计,仅出租大院就多达 3000 余个,居住流动人口 22.7 万人。由于违法建设容纳了大量流动人口，导致治安、经营、环境等秩序类问题大量产生，一些地方还形成了"上访村"和敏感群体聚居区。

（三）非法生产经营问题聚集

城乡接合部地区小散低端产业大量聚集，非法生产、违法经营问题普遍存在。由于正规经济的准入条件相对于城乡接合部低收入人群的消费水平显得过高，同时城乡接合部地区的条件利于暗中经营，难于监管，假冒伪劣生产窝点等非法经营行为聚集，成了全市生产非法经营商品的"根据地"。据统计，城乡接合部地区"五小企业"1万余家，"六小场所"2.6万家。据工商、食药部门统计，该地区有未销账的无证无照经营户近2.7万户、无证餐饮单位1.6万家。这些低端业态生产安全隐患突出，近三年来，城乡接合部地区共发生生产安全死亡事故155起、死亡181人，分别占全市总数的78%和83%。与此同时，制假贩假等违法活动也十分猖獗，今年以来，食药监部门打掉的冷冻肉制品"黑链条"、假冒知名品牌桶装水"黑作坊"、无证生产北冰洋汽水的"黑工厂"等也基本都在城乡接合部地区。此外，由于巨大的市场需求，占道经营、露天烧烤、非法营运等问题在城乡接合部地区也相当突出，特别是"黑摩的""黑三轮车"的营运人员中90%以上为流动人口，他们为争夺客源经常争道抢行，严重影响正常的交通秩序和城市生活秩序。

（四）施工工地类问题突出

随着北京城市化进程的不断加快，房地产开发力度越来越大，城乡接合部地区大多正处在"大拆大建"时期，建筑施工带来的扬尘污染、噪声污染、道路遗撒等施工工地类问题越来越严重，与居民对居住环境的要求形成了强烈的冲突，严重影响了居民的生活质量。比如，2016年1—9月重点整治的60个重点（社区）村涉及的50个乡镇，夜间施工噪声投诉量占投诉总量的21.26%，高居第二，仅次于无照经营。目前施工企业注重的是建筑质量和施工时间，追求的是利益最大化，常常让工人加班加点，导致夜间施工的普遍现象。虽在法律规定经批准后可以进行连续作业，但由于部分区考虑居民群众的利益，暂停了夜间施工手续审批，施工单位为赶工期，只能违法夜间施工，引发大量投诉案件。

（五）公共基础设施配套滞后

城乡接合部地区城市功能形成时间短，公共基础设施建设仍然停留在乡村水平，与人口增长数量严重不匹配，居民的衣食住行等民生问题无法满足。据统计，目前城乡接合部地区仍有150个村没有生活污水收集管网，占城乡接合部行政村总数的26.3%。部分村硬件设施不完善、排污系统不合理、垃圾清运费用不足、保洁人员配备不够，垃圾暴露、污水横流、街面不洁等环境脏乱差问题群众反映强烈。同时，生活配套服务设施建设也不达标，餐饮、公共交通等基本生活服务无法满足需求，导致非法营运、无证照餐饮问题突出。近年来，属地和有关部门虽投入了大量人力、物力、财力，但公共基础设施仍远不能满足城乡接合部地区大量流动人口的基本需求。

二、案例分析——海淀区城乡接合部环境现状

由于北京各区城乡接合部环境问题比较集中，本课题组以海淀区为调研对象，展开课题的研究。

（一）数据来源

通过实地走访、网络调研、电话采访，并与北京市城市管理综合行政执法局合作，得到一手的数据资料，主要包括2015年全年和2016年1—9月，海淀区重点地区的无照经营、露天烧烤、非法营运、夜间施工和违法建设五方面的举报量。通过综合整治不断档，解决了居民的实际困难，提升了该区域的环境品质，得到了一定的社会影响力。本书重点分析2016年1—9月的数据。

（二）调研数据分析

1. 海淀区城乡接合部环境问题构成分析

从上报数据可以看出，北京市海淀区重点城乡接合部地区主要包括：四季青镇、田村路街道、北太平庄街道等。通过调查数据分析，得出海淀区无照经营、露天烧烤、非法营运、夜间施工和非法建设五项重点问题的举报量所占比例如图1-1所示。从图中可以看出，海淀区夜间施工和无照经营举报量占总举报量的65%，无照经营占33%，夜间施工占32%，二者举报量接近总举报量的三成，可见海淀区城乡接合部的无照经营和夜间施工被列为环境整治重点问题。

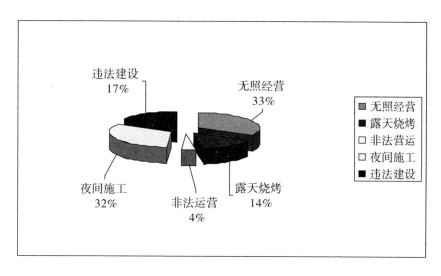

图1-1 海淀区重点问题举报量分布图

2. 五项重点问题情况分布

（1）无照经营情况分布

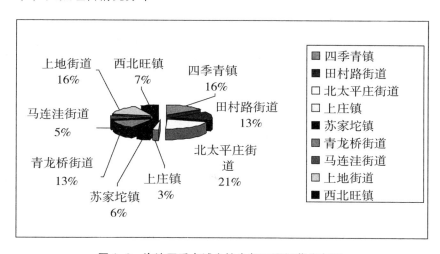

图1-2 海淀区重点城乡接合部无照经营分布图

海淀区重点城乡接合部数据主要来源于四季青镇、田村路街道等九个街乡镇，无照经营情况分布如图1-2所示。从图中可以看出，北太平庄街道、四季青镇和上地街道所占比例较高，分别为21%、16%和16%，田村路街道和青龙桥街道超过10%，因此，海淀区城乡接合部在无照经营综合整治方面，重点考虑四季青镇、北太平庄街道、田村路街道和青龙桥街道。

（2）露天烧烤情况分布

海淀区重点城乡接合部数据主要来源于四季青镇、田村路街道等九个街乡镇，露天烧烤情况分布如图1-3所示。从图中可以看出，上地街道、四季青镇和北太平庄街道所占比例较高，分别为17%、27%和16%，因此，海淀区城乡接合部在露天烧烤综合整治方面，重点考虑上地街道、四季青镇和北太平庄街道。

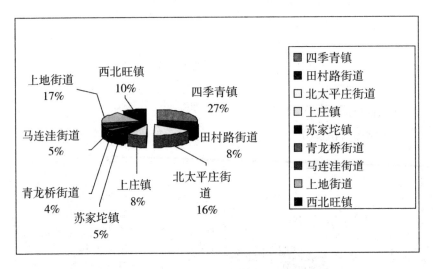

图1-3　海淀区重点城乡接合部露天烧烤分布图

（3）非法营运情况分布

海淀区重点城乡接合部数据主要来源于四季青镇、田村路街道等九个街乡镇，非法营运情况分布如图1-4所示。从图中可以看出，上地街道和青龙桥街道占比例较高，分别为35%和32%，因此，海淀区城乡接合部在非法营运综合整治方面，重点考虑上地街道和青龙桥街道。

（4）夜间施工情况分布

海淀区重点城乡接合部数据主要来源于四季青镇、田村路街道等九个街乡镇，夜间施工情况分布如图1-5所示。从图中可以看出，田村路街道和北太平庄街道占比较高，分别为 24% 和 23%，马连洼街道、西北旺镇和四季青镇所占比例均超过 10%，因此，海淀区城乡接合部在夜间施工综合整治方面，重点考虑田村路街道、北太平庄街道、马连洼街道、西北旺镇和四季青镇。

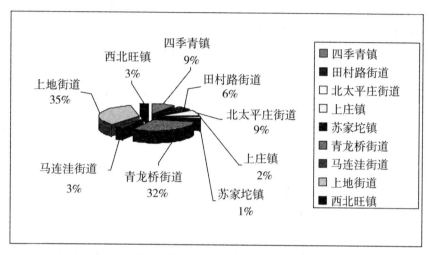

图 1-4　海淀区重点城乡接合部非法营运分布图

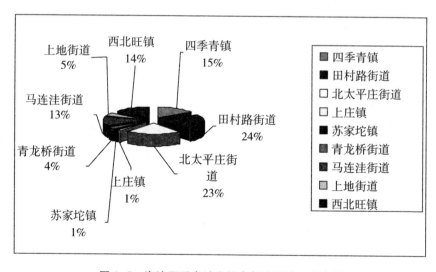

图 1-5　海淀区重点城乡接合部夜间施工分布图

（5）违法建设情况分布

海淀区重点城乡接合部数据主要来源于四季青镇、田村路街道等九个街乡镇，违法建设情况分布如图1-6所示。从图中可以看出，上地街道和北太平庄街道占比较高，分别为28%和21%，马连洼街道、田村路街道和四季青镇所占比例均超过10%，因此，海淀区城乡接合部在违法建设综合整治方面，重点考虑上地街道、北太平庄街道、马连洼街道、田村路街道和四季青镇。

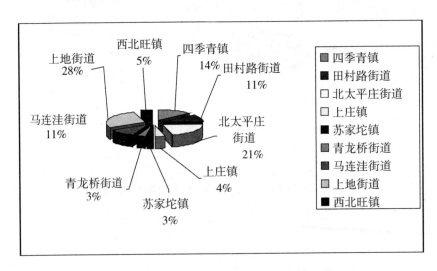

图1-6　海淀区重点城乡接合部非法建设分布图

（三）城乡接合部环境问题特点

从上述上报数据分析可以看出，在海淀区重点城乡接合部地区，环境秩序较为混乱，无照经营现象频发、散发小广告行为猖獗、店外经营和露天烧烤违法行为较普遍，通过观察与走访，总结出此类违法现象为无聚集化——流动、无规模化——零散、无摊群化——自管现象较为普遍，严重影响了首都的环境建设，使得首都城乡一体化建设目标不能顺利完成。

1. 无聚集化——流动

海淀区重点街道（乡镇），如四季青镇、苏家坨镇、青龙桥街道、马连洼街道、上地街道、西北旺镇地区的城乡接合部重点区域无照游商经营较多，无照的小餐馆、小摊点、小作坊、小门店，经营商品多数为低端、便宜、便民产品，城管执法部门配合工商、食品药品部门进行专项整治以后，这些商家将选择其他的城乡接合部地区继续经营，流动性大。

2. 无规模化——零散

由于建设与开发利用，首都城乡接合部地区某些较好的耕地逐渐转化为新小区供居民居住、工业建设区供工业制造、商业建设区供商家使用，由于工业建设规模较小，不能产生规模经济效应，对于工业区的定位不明确，产业有待升级改造，使得大量资源浪费。无照经营、散发小广告、露天烧烤等行为，相对比较零散，市场秩序混乱，私搭乱建较多，居民通过出租房屋获取利益，成为生活收入的主要来源，造成集体建设用地粗放式利用，产业结构升级困难。

3. 无摊群化——自管

商贩游走在街上进行流动经营，属于无组织无纪律行为，商贩的经营理念较为落后，缺乏正规的法制培训，在开业之前，经营者不知到哪里办理营业执照，更不懂办理基本手续和程序，部分经营者虽然对法律法规有一定程度的了解，但为了牟取非法利润以及逃避税费，恶意规避国家有关法律法规，与政府部门做"猫捉老鼠"的游戏，同时，没有加入任何社会组织，纯属自我管理行为，在利益和法律面前，选择了利益，违反行业规范和法律规范。

三、城乡接合部地区环境问题的成因

城乡接合部是城镇化进程的特殊产物，形成的原因十分复杂，既有独特的环境因素，也有人口因素，还有土地因素，多种因素相互交织，导致城乡接合部地区管理混乱。具体从环境秩序问题成因上看，主要存在四方面原因。

（一）生产生活成本低是诱因

城乡接合部之所以发展成为流动人口的城乡接合部，一定程度上是其进入障碍小、生存成本低、利益驱动使然。一是"中低收入群体"的生活需求。流动人口以从事商业、服务业等第三产业居多，就业地点分散，收入水平不高，大多选择租赁房屋，但由于首都中心区的生活成本排斥、城市公共住房的制度排斥、正规住房市场的价格排斥，使得收入普遍偏低的流动人口只能向城乡接合部寻求生存之地，较低的消费水平、廉价的出租房屋满足了他们巨大的住房生活需求。二是失地农民的现实需求。由于多年来对农民宅基地实行限制性政

策，原有住房已不能满足农民的实际住房需求，再加上经济适用房、两限房的政策不适用于农民，导致大量农民在自家宅基地上冲破政策加盖房屋，房屋租赁收入成为这些地区失地农民的主要收入来源，巨大的经济利益催生了在宅基地违法建房出租的现象。三是外来人口的生存需求。城乡接合部地区中低收入人群过度聚居，生活需求具有数量大、消费低的特点，部分外来人口为满足自身的生存需求，城乡接合部地区成为其从事无照经营、露天烧烤等违法经营活动的理想场所，外来人口之间相互依存、相互服务，逐渐形成了外来人口自我封闭、自给自足的低级次衍生经济圈。

（二）规划缺乏统一性是起因

一是土地利用缺乏统一规划。由于受"房地产热"的影响，许多城乡接合部地区大搞开发，集中建设大型居住区，忽视土地利用的统一规划和综合利用。同时，还有部分地区限于财力不足，许多土地使用得不到落实，使大量土地"圈而不用"，出现征而未建、拆而未建的地块，这为违法行为的产生提供了条件。二是基础设施建设缺乏统一规划。城乡接合部地区在重视城市规划建设的同时欠缺对社会事业发展协调配套功能的规划建设，在推进城市总体发展的同时欠缺对居民生活配套功能的规划建设。比如，商业服务配套设施的规划建设缺乏与人口分布、交通环境的统筹考虑；市政设施缺乏统一规划，与城市管网难以有效衔接，地面交通、轨道交通的建设缺乏统筹考虑。三是功能定位规划不明确。部分城乡接合部地区规划定位不够清晰，产业发展方向不明确，只是"摊大饼"式的发展，且多为居住功能的拓展，导致人流过度聚集，环境秩序问题频发。

（三）管理机制不完善是内因

城乡接合部地区兼具城市和乡村的特点，与之相匹配的管理体制机制还不完善。一是城乡交叉管理并存。部分城乡接合部地区街道与乡镇交叉，农民与居民共存，城中有村，村中有城，既不是城市的规范化社区，也不是传统意义上的农村，形成了"亦城亦村""非城非村"的夹生地带，管理上城市管理和乡村管理并存，两者在管理主体、管理对象、管理权限、管理重点、管理方式、管理目的等方面不尽相同而又相互交叉，导致管理易出现空白。二是管理体制转换不及时。部分城乡接合部地区大型社区已建成入住，大量村民上楼，区域性质发生改变，管理体制和机制没有及时转换，仍以农村的管理体制、机制和模式来管理已经城市化的地区，难以适应新情况、新要求，导致环境秩序问题长期处于失控状态。三是问题治理未形成合力。面对城乡接合部地区环境秩序问题，城市综合管理职能长期缺失，城乡接合部问题涉及多个职能部门，但部门之间协调配合不够，难以形成整治合力；街道、乡镇作为基层一线单位，权责不对等，城市管理职责很重，但没有相应权力、财力、物力，无法统筹各职能部门解决问题。

（四）执法管理难度大是外因

城管执法部门作为城乡接合部地区环境秩序问题治理的主要部门，执法上面临的问题较多。一是执法力量严重不足。城乡接合部街道或乡镇实际管辖的人口常是普通街道或乡镇的几倍、十几倍，管理难度及责任比普通地区要大得多。据统计，"96310"城管热线举报量前十的城乡接合部地区的执法队人员配置为0.5~1.6人/万人，低于全市3.1人/万人的水平，执法力量明显不足。执法队只能进行重点突击性的运动式执法，不能做到全面覆盖控制性执法。二是联合执法机制不健全。城乡接合部地区环境问题涉及的部门多，常态化的联合执法机制还没有建立，开展联合执法基本是临时协调，且执法中存在联而不合的情况，执法形不成合力。特别是与公安部门的配合，一个执法队日常与多个属地派出所联系，联合执法和协调配合的难度大，例如，丰台卢沟桥乡执法队日常需协调9个派出所。三是执法对象情况复杂。城乡接合部地区两劳释放、患有重大疾病、少数民族、困难户等违法相对人较多，经常以跳楼、跟踪威胁队员等方式抗法，成为辖区难以管控的"钉子户"。例如，昌平区回龙观地区安置城区两劳释放人员达60多人，这些人员以"生存"为由，长期从事无照经营。

第三节　城乡接合部环境问题的整治对策建议

城乡接合部地区已成为各种矛盾和各种问题聚集、聚焦的地区，成为影响首都社会和谐稳定、诸多隐患潜在的地区。当前应围绕京津冀一体化、疏解非首都功能，寻求有效对策，切实解决城乡接合部地区环境秩序问题。

（一）加大人口调控力度，助力非首都功能疏解

借力疏解非首都功能任务的推进，加强对流动人口和出租房屋的基础信息采集工作，完善房屋出租有关规定，加强出租房监管，提高最低人均居住面积，禁止群租，遏制小、散、乱现象蔓延，及时登记出租信息，严格执行卫生、安全标准，清理城中村、简易房、地下室出租等违法行为，加大违法建设拆除力度，全面强化"以证管人、以业控人、以房管人"，推行奖惩结合的房屋出租调控利益导向机制，提高综合经营成本。同时，严格执行建设项目的交通评价、水资源评价和人口评估制度，降低开发建设强度，避免出现人口过度聚居的情况。

（二）加快改造建设进程，改善地区人居环境

加快城乡接合部"规而未征、征而未建"地区规划与建设进度，加速推进列入规划城乡接合部地区的城市化进程，用发展的手段和方式解决环境秩序问题。对其他暂未列入规划却又存在风险隐患的城乡接合部地区，一是优先加强市政基础设施，解决这些地区消防、污水处理、道路交通、垃圾清运等方面问题，满足地区居住人口日常生产生活需要；二是加强生活服务设施配套建设，推动社区便民菜点、便民早市、信息栏、公租自行车和交通"微循环"的建设，解决居民日常生活购物和"最后一公里"出行问题，实现一刻钟社区服务圈全覆盖，确保为居民提供优质高效便利的服务。

（三）完善就业保障体系，避免违法行为产生

城乡接合部地区在推进城镇化发展的过程中，要建立农民上楼和农民上岗"两条腿"走路的制度。建立上楼农民的再就业培训机制，努力提高上楼农民的素质和技能，以适应市场经济条件对劳动力的需求。以市场需求为导向，根据上楼农民不同的年龄阶段、文化层次和意愿，组织开展多层次有的放矢的就业技能培训，提高培训的针对性和实效性，形成初、中、高层次结合和长、短培训并举的培训格局。探索将就业管理纳入拆迁工作，为上楼农民提供就业信息，进行就业辅导以及定期组织用人单位与求职人员见面直接洽谈。充分发挥政府在征地中的职能作用，用行政手段、经济手段和优惠政策促使上楼农民就业，避免上楼农民转变为环境秩序违法行为人。

（四）完善管理体制机制，提升环境管理水平

城乡接合部地区管理体制存在交叉，环境秩序治理具有广泛性、经常性、长期性、动态性、复杂性等特点，需要理顺属地管理体制、加强部门协作配合才能完成好。一是强化属地政府主体责任，加快推动城市管理和乡村管理体制的融合，推动乡镇政府加快职能转变，强化公共服务、社会治理、环境保护等职能，发挥其城市管理工作的统筹协调作用。二是强化职能部门的日常监管，借鉴公安部门直属派出所和重点村中心警务站管理模式，工商、城管、食药监等执法部门管理力量也向城乡接合部流动人口聚居区适当倾斜，加强力量配备，加大常态化综合执法力度。三是强化协同配合，搭建联合执法平台，建立城管与公安、消防、规划、住建、工商等部门参与的常态化基层联合执法整治机制，集中解决在治安秩序、经营秩序、环境秩序等方面存在的突出问题。

（五）创新执法方式方法，提升环境整治效率

一是加强科技支撑。根据城乡接合部地区环境秩序问题的高发特点，在重点、乱点、难点区域，增加视频监控点位，完善视频监控网络，实行市区街三级视频监控资源共享，提高监控的针对性和有效性，不断延伸执法管控的范围，节约城管执法力量。二是深入推进综合监管。城管执法队伍要依托城管执法协调领导小组平台，发现城乡接合部地区疑难问题，通过发放通知单的形式，将问题反映到前端职能部门，并抄送监察部门，督促责任部门有效解决环境秩序问题。三是增设执法队伍。对于管控区域面积过大、任务重的城乡接合部地区，参照公安设置若干个派出所的模式，借城管执法体制改革之机，推进执法力量下沉、重心下移，通过内部调剂编制，根据人口、面积及环境秩序等实际情况，在一个辖区内设立多个城管执法队，便于执法力量对辖区实现有效管控。四是充分依靠市场手段。探索社会化服务外包，推进城市管理市场化运作，聘用社会力量，发现、教育、劝阻违法行为，整合资源，提高效率，适应城市发展现代化的新形势和新要求。

（六）广泛发动公众参与，重塑社会文化认同

城乡接合部流动人口过多、社会状况复杂，人们的利益需求呈现出多元化且主体参与意识淡薄。在这一背景下，如何保证城乡接合部这一复杂地区的公

众参与和利益表达已经成为关系到地区稳定和城管执法效果的重大问题。一方面，通过加大宣传，开展城乡接合部环境秩序整治的媒体宣传和主题社会宣传，加强问题曝光和典型示范宣传；另一方面，开展社会动员，整合利用社会资源，探索社会组织参与环境秩序建设的政策和机制，引导和鼓励社会各界出力献策，努力营造全社会关心、支持、参与环境秩序建设的氛围，此外还可以探索建立社区城管执法志愿者服务队和基层城管执法巡查员队伍，让居民百姓体验城管职责，加入文明劝导队伍，以身作则，规范自己从而影响他人，增加对环境整治工作的认同感。

第二章

社区治理视角：社区社会组织参与城乡接合部环境治理研究

在社会的高度复杂性和高度不确定性的条件下，在由多元主体构成的城乡接合部地区环境治理体系中，参与治理可以避免政府"失灵"，也可以避免市场"失灵"，社会组织的独立性、自治性、公益性和基层性将为社会组织发挥良好的社会协同作用贡献力量。社区社会组织参与环境治理切入点应从社会组织的定位来寻找。应根据社会组织的发展需要，合理定位社会组织的角色、社会组织的职能所在，积极分担社会责任，增强社会组织的服务型功能。

第一节　北京社区社会组织发展现状

中共十六届六中全会后，各地政府积极推进社区社会组织的发展，社区社会组织发展迅速。2009年10月北京市民政局出台全国首个社区社会组织规范性文件《北京市城乡社区社会组织备案工作规则（试行）》（京民社区发〔2009〕555号）。2010年北京市社区社会组织为7289家，2011年北京市社区社会组织数量增长到8742家，2012年为10059家。2013年社区社会组织开始呈现爆发式增长，增长到13346家，同比上年增加了32.7%，万人社区社会组织平均拥有量为6.31家。社区社会组织深入社会基层，贴近民众生活，正迅速成为北京市社会治理建设中一支重要力量。其中社区备案的服务与社区环境物业类的社会组织831家，占比6.2%，仍然有很大的发展空间。

再来看城乡接合部的情况。因房租价格便宜、生活成本较低，城乡接合部成为大量来京务工人员的聚居地，这使得当地户籍人口与流动人口数量严重倒挂。以海淀区为例，该区城乡接合部户籍人口8万多，流动人口最高时能达到50万。大量的流动人口使得城中村的治理结构与治理规模不匹配。正如周建明在《从国家治理体系和治理能力看村级组织建设》一文中指出，目前村级组织的"事权、责任与资源严重不匹配"，"在人口流入地区，村级服务与管理的对象包括大量的，甚至主要是非村民的外来人口，这种人口结构的变化，导致村级组织的工作任务并不完全与村民对应，而只与村域对应"。由此可见，在城乡接合部用"村一级"的行政规模对应"乡镇一级"的人口规模，是城乡接合部环境治理跟不上的一个重要原因。

中共十八届三中全会通过的《中共中央关于全面深化改革若干重大问题的决定》提出，"紧紧围绕建设美丽中国深化生态文明体制改革，加快建立生态文明制度，健全国土空间开发、资源节约利用、生态环境保护的体制机制，推动形成人与自然和谐发展现代化建设新格局"的新目标。其实现既离不开政府、企业和社会公众的作用，也离不开生态环保社会组织的积极参与。

目前社区社会组织的迅速发展，可以弥补城乡接合部管理人力、治理资源上的不足。如果制定合理的参与路径，有效引入社会组织共同参与环境建设，就可以补充正规治理力量的不足。对于社会组织参与社区治理，无论是国际还是国内都已经有较多尝试，目前全国推行的"政府购买服务"算是最典型的做法。因此可以以此为基础，结合北京市城乡接合部环境治理的特点和北京市社区社会组织的发展状况，深入研究适合北京市的治理模式。本研究拟通过跟踪调研北京市典型的城乡接合部，并通过文献理论的分析比对，让理论和实际充分结合，从而寻找到适合社区社会组织参与环境建设的合适路径。

一、北京市社会组织发展现状

据"北京市社会组织公共服务平台"统计数据显示，1989—2014年北京市社会组织发展趋势如图2-1所示。

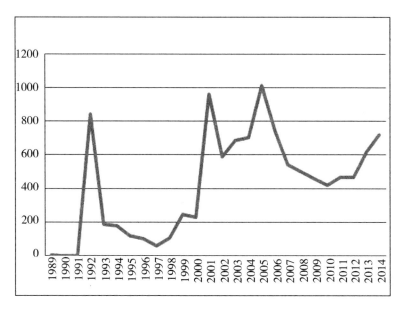

图 2-1　北京市社会组织发展趋势图

二、北京环保社会组织发展的基本现状

（一）主要类型

环保社会组织是为社会提供环境公益服务的非营利性社会组织，环保导向是其十分明显的特征。一般认为，环保社会组织分环保社团、环保基金会、环保民办非企业三种类型。政府部门发起组建的环保社会组织和学生环保社团的力量占90%以上，民间自发组成的环保民间组织相对薄弱。

（二）发展阶段

环保社会组织的发展既与经济发展过程中一系列重大环境污染事件相关联，更与人们生态环境意识的提高和政府相关政策法规的主动调整直接相关。中共十八届三中全会对生态文明的高度关注，社会生态治理体制的创新必将迎来我国环保社会组织发展的又一高峰。因此提出"四阶段"说，即1960—1980年中后期的公民自发维权阶段、1980年中后期—2000年政府初步重视与高校学生环保社团兴起阶段、2001—2012年政府推动与民间专业人士参与环保项目阶段、2013年后环保社会组织与政府合作推进生态环保的跨越式发展新阶段。

（三）生成机制

环保社会组织的生成机制大致可以分为自上而下型和自下而上型。自上而下型环保社会组织一般由官方发起，中国环境科学学会、中国水土保持学会、中国环境保护工业协会等均属于这种类型。自下而上型环保社会组织由民间自发组建，"地球村""绿家园""瀚海沙"等是代表性组织。

第二节　北京社区社会组织参与城乡接合部
环境治理的现状

在北京，社区社会组织工作涉及经济社会发展的诸多方面，基本形成了门类齐全、覆盖广泛的组织体系，突破了前些年主要集中于文体活动领域的状况，业务范围扩展到便民、社会治安与管理、医疗救助、科技教育、环境保护、社会心理等公共服务领域，呈现出明显的多元化发展态势。社区社会组织广泛参与社会管理活动，既满足了不同群体的需求，也推动了自身的发展。

但是，随着社会发展，社区居民的需求不断增长，而社区社会组织无论是专业力量、社会活动能力，还是组织运行、与社会需求的对应和衔接，都不能满足社会发展的实际需求。社区社会组织自身能力和社区服务的巨大需求二者之间，存在着矛盾。这种需求与供给之间的矛盾，大大降低了社区社会组织在社区环境治理中的影响力。此外，社区社会组织由于其成员以社区居民为主，而且老年人较多，年轻人较少，更缺乏专业的社会工作人才，因而仍停留在自我娱乐和服务的层面，应对市场化、社会化治理的能力不足，服务层次偏低等问题较为突出。

由于政府的主导和推动，社区社会组织参与城乡接合部环境治理意识较以前有所增强，以各种形式积极参与到环境建设中来，主动维护城乡接合部地区公共秩序，清洁卫生、参与公共物业的维护使用等事务。然而，民众对社区社会组织的信任度仍然不高，一方面，大部分社区社会组织在组织结构、管理体制、决策程序等方面不健全，导致内部管理状况欠佳，难以动员更多社会资源支持其发展；另一方面，社区社会组织缺乏内外部监督机制，导致社区社会组织的活动处于无监管的状态，影响了城乡接合部地区居民及外部人员对他们的信任，加深了社区社会组织的信任危机。另外，社区社会组织人员素质的参差不齐、提供服务质量的高低不一，也一定程度上影响了民众对他们的信任度。

随着政府对社区社会组织的重视以及社区社会组织在城乡接合部地区环境治理中发挥的重要作用，其自身管理能力得到进一步提高。一是内部制度建设进一步完善，很多社会组织内部制定了一套比较完整的制度，能够对制度进行执行和落实。二是人力资源较为丰富，由于社区社会组织市场空间广阔、发展前景比较好、吸纳越来越多的人员就业，同时也应该看到，社区社会组织的产生不是社会和市场自主选择的结果，它们主要是由政府自上而下推动和主导发展起来的，虽然适应市场和社会的能力有所提高，但是对政府有较强的依赖性，不能根据市场和社会所需及时调整，并且它们过度依赖政府，各自之间的联系变得松散，资源整合能力不强。

第三节　社区社会组织在城乡接合部环境治理中的功能解析

一、为社区居民的社区参与提供平台

城市社区社会组织是满足城市居民社区参与的有效途径。当前，社区参与已经成为当前城市社会向"大社会、小政府"转型的必然选择。社区参与不仅有利于社区居民亲密关系和社区归属感、向心力、凝聚力的形成，而且能够促进社区居民自治，推进社区民主化进程。社区社会组织的发展为社区成员充分参与社区活动提供了平台，社区社会组织成为能充分动员社区居民参与社区发展，实现社区的自我维护和发展，激发社区民众积极投身社区建设的有效载体。就如托克维尔（Alexis de Tocqueville）所说："只有通过人与人相互之间的互惠影响，情感和舆论才能得到补给，人心才能得以宽广，人之才能得到开发。"①

而城市社区社会组织通过一种组织化的形式为社区居民参与城乡接合部环

---

① 托克维尔. 论美国的民主［M］. 董果良，译. 北京：商务印书馆，1988：187.

境建设活动提供了更为广阔的平台，它提供了一条自下而上的参与渠道。作为社区居民和政府、街道、社区居委会之间的中介，它产生于基层，完全代表了民意，通过有组织、有目的的活动，一方面它可以动员居民积极参与城乡接合部环境建设活动，提高居民的参与意识；另一方面又可以起到上传下达的作用，为居民的利益表达提供相应的渠道，维护居民的合法权益。

这种广泛的社区参与，从深度来讲，是实现城乡接合部地区社区居民自我能力提升、自我需求满足、自我价值实现的重要组织形式，它的发展有利于实现城市社区民主自治有序化。同时，以社区社会组织为平台，社区参与的活度和深度将大幅提升，可以使政府、企业单位、城乡接合部地区社区居民之间互动协调，实现社区资源的优化配置。政府通过创新性地引进社会评价机制，将社区社会组织作为评价政府工作的"裁判员"，让社区社会组织担当起党委、政府在社区工作中的监督员作用。政府工作好不好，社区干部行不行，不再是由党委政府说了算，而是由社区社会组织通过民意调查、组织群众议员，经公众评判来决定。这一进程中，社区自我维护发展的能力及社区管理水平得到了提升，公共服务质量优化，社区朝着良性治理方向发展，社区社会组织成为行政管理与社区民众自治有效衔接和良性互动的平台，也成为社区民众进行社区参与的重要载体。①

二、对政府方面的功能体现

（一）缓和了城乡接合部地区社区矛盾，降低了政府对城乡接合部管理成本

城市社区社会组织作为市场、政府、民众间的沟通桥梁，其毫无疑问维护了社会的稳定。对政府而言，维稳一向是重中之重，没有一个稳定的社会环境，发展根本无从谈起。社区作为城市社会的一个基本单元，维持社区稳定对维持整个社会的稳定至关重要。城市社区社会组织具有地域性和群众性的特点，它产生、活动、服务于社区，与社区居民息息相关，代表着一定社会群体的利益，最大的优势是具有同社会基层及弱势群体保持密切关系的能力。在平时活动中，城市社区社会组织通过与社区群众的互动，能够真正了解他们所需，并提供他

---

① 施庆. 城市社区社会组织在社区治理中的功能研究［D］. 上海：华东理工大学，2014.

们所需要的服务。城市社区社会组织又同政府保持密切关系，它可以作为一条重要的纽带将国家的法律政策传导给社区民众，在保证落实的同时，又起到教育和动员群众的作用。从社区群众角度说，它又是一条传达民情的渠道，通过反映社区群众的意见和需求，使得政府能够及时做到了解民情，制定更为合适的计划和政策。可以说城市社区社会组织作为社区联结的枢纽，为社区提供了文化引导、社会救助、社会福利、再就业等便民利民服务，作为引入的社会力量来化解社会矛盾，能有力促进社会的和谐稳定。城市社区社会组织起到了社会沟通的桥梁作用，减少了社会矛盾的发生，保持了社会稳定，增强了社会整合能力。

社区社会组织，作为社区建设的活性载体，能及时发现社区社会问题和矛盾，进而通过正确的方式把威胁社会稳定的冲突和矛盾因素化解在社区层面，将可能的稳定风险消除在萌芽状态；同时，社区社会组织所积极倡导和努力实现的广泛、理性的政治参与满足了社区居民日益增长的民主需求，为实现社区民主、推进社区参与提供了平台和媒介。而社区民主恰是社区稳定的基石，民主理念所催生的广泛政治参与，带来的必然是政治的现代化，政治的现代化是社会稳定和谐的保障。借助社区社会组织的力量，政府对社区管理可以节省财政支出，花钱少、办事多。政府身份由社区事务的包办者向引导者、监督者转化，摆脱以往事必躬亲的模式，合理的政策导向，借助社区社会组织在社区事务中的枢纽作用，统一协调，构筑起个人、社区、政府、国家之间新型和谐关系。

（二）为政府形象加分，实现社区的善治

行政过程中最为头疼的是行政力量薄弱、行政效率低下，而这与公民的参与程度紧密相关，在与公民利益紧密相关的社会政策上尤其如此。政府可以通过社区发展来发动公民的参与积极性。这有双重好处：一方面，政府可以更有效地实施政策；另一方面，可以借此提高政府的声誉，树立政府形象。由于出发点和各自的立场不同，政府和民众之间的沟通就成为问题，而沟通不足很可能引发群众与政府的对立，既不利于公民与政府的关系，又不利于社会稳定。国内正在兴起的社区社会组织是沟通政府与公民的一座重要桥梁，发挥着中介的纽带作用。社区社会组织为社区民众的利益表达提供了渠道，促进了民众和政府的利益协调，推动了政府与社区民众的合作。这样社区社会组织能够起到一个"减压阀"的作用，缓冲不同利益群体的矛盾，尤其是群众与政府及其他组织的矛盾。社区社会组织的发展，能使行政力量和社区自治力量之间形成缓冲区，使政府力量和社区力量均衡区间大为扩展，通过合理的转换机制，使社区内多方力量的联结成为可能。而这一桥梁、纽带和转换机制依托的就是充分发育的社区社会组织。只有发展成熟的社区社会组织，才能承接政府和市场转移职能，完成两者所无法提供公共服务的任务。唯有如此，面对政府，社区社会组织才能成为社区民众利益的代表；对社区民众而言，社区社会组织才能成为行政工作的宣传者和执行者；对政府与公众二者而言，社区社会组织则是沟通的桥梁和纽带。通过发展社区社会组织，政府能将行政力量从烦琐的社区事务中解脱出来，专心从事社区管理。唯有社区社会组织的充分发展，才能充分调节政府和自治力量，使二者达到平衡，形成最大化合力，加速社区建设，实现社区的善治。

（三）促进政府角色与功能的转变

城市社区社会组织能够弥补政府职能、资源不足，推动政府新一轮行政改革。随着经济体制改革的深入，当前我国政府行政改革的核心内容是政府行政职能的转变，为了实现"小政府，大社会"的目标，意味着政府要还政于民，一改过去大包大揽的管理方式和方法，将一部分职能转移出去。在承接转移职能方面，社会组织的作用日益凸显出来，在城市中，城市社区社会组织由于其自身的特征，能够承担大量原来由政府承担的职能，使行政能从繁杂的社区事务中抽身出来，使得更为优质的服务提供成为可能，加快了政府职能的转移和让渡，促进了公共治理模式的构建和完善。

第四节　大兴区清源街道办事处环境秩序社会化综合治理工作模式调研

大兴区清源街道办事处为落实市、区两级政府对环境秩序建设与管理的工作要求，以城市管理现代化为指向，主动适应新型城镇化发展要求，积极履行环境秩序治理主体责任，不断探索改进城市管理工作，通过强化城管执法队作为党委政府"眼""腿""拳头"的作用，依托城管执法协调办平台，分析城市管理"痼疾顽症"区域性成因、分解责任、细化方案，运用社区自治及购买公共服务方式发动社会化管控力量，履行并用好"科站队所"法定职责与手段等治理措施，逐步形成了"运行可控、机制健全、效果明显"的"两个力量，一个平台，N 种办法"的环境秩序社会化综合治理"2+1+N"工作模式，增强了基层政府城市管理能力，提高了环境秩序管控与执法处置水平，提升了执法效果与社会效果。

一、背景情况

（一）地区特点决定环境秩序问题多，市民举报高发

清源辖区南到清源路，北至康庄路（沿康庄路向东至兴华大街与康庄路交会处，向北沿兴华大街至兴华大街与金星西路交会处，向东沿金星西路至京开高速公路），东到京开高速公路，西至京九铁路东侧加固坡边线。面积 5.58 平方千米；8 条主要大街，19 个社区；辖区实际入住总户数约为 3.6 万户，实际总人口约 10 万人，其中常住人口约 7 万人，流动人口约 3 万人。

辖区内人口密集且构成复杂，驻区单位集中且对环境秩序要求高，老旧社区多且周边商业配套不健全等特点，导致辖区内环境秩序问题易发点位多，市民举报集中。清源辖区在 5—7 月三个月的月举报量均达到甚至超过 300 起，在本区内举报排名前三名，作为大兴新城地区街道办事处辖区，仅次于我区典型城乡接合部辖区。

（二）城管执法队人员数量与工作量不匹配

清源城管执法队共有执法人员 15 人，工勤 2 人，保安人员 10 人，其中男 23 人，女 4 人，8 辆车，分为三个组，负责 21 个重点点位巡查盯守。每日巡查盯守时间为早 8 时至晚 10 时，需要调查走访社区 19 个，处理"96310"城管热线、城管内线、违法建设举报量日平均 8 个，夜间备勤 2 名执法人员，执法力量远远不能达到夏季举报高峰日处理量。

（三）单一工作措施难以适应当前的工作形势

单凭城管执法队行政执法手段及人盯车巡、事前布控等措施，难以适应当前的工作形势，不能满足各级政府及市民对城市环境秩序的要求与需要。同时，单一的执法手段与处置方法，难以维护法律尊严并实现执法效果，一旦处置不当，将产生极其负面的社会效果。

二、组织实施

（一）实施依据

依据《中华人民共和国城市居民委员会组织法》，清源街道办事处组织社区居委会参与社会化综合治理工作。依据大兴区委、区政府推进社会化服务外包服务的相关指示和工作要求，通过政府购买服务的方式，聘请第三方公司开展环境秩序社会化综合治理工作。

（二）环境秩序服务外包实施程序

清源街道办事处以兴华大街为中界线，划分为两个标段，制订《招标方案》，面向社会进行公开招标。依照招标程序确定招标资格、工程造价、招标方式，与中标公司签订《服务合同》。

（三）环境秩序服务外包实施办法

签订服务合同，明确清源街道办事处权利与义务，确定环境秩序社会化服务外包公司的职责、范围、管理标准与考核办法。

工作范围：以辖区内 12 个重点点位、8 条主要大街为社会化管理重点区域。

工作内容：按照市、区两级政府工作部署及相关部门具体要求，依据影响市容环境秩序违法行为的发生规律，根据季节、时段、区域等因素，确定社会化管理具体工作内容。

工作职责：在巡查的基础上，发现、取证违法行为，告知、劝导违法相对人，对拒不听从劝导的违法相对人及时上报相关部门，并对多次违法的相对人或区域性突出问题摸排调查具体情况，并适时协助执法人员做好现场处置。

工作标准：重点区域无露天烧烤、大排档、店外经营、私挂软质条幅等；一般区域范围内无非法占道经营、非法小广告、露天焚烧等。

考核办法：共同制定《环境秩序社会化考评办法》，监督管理环境秩序社会化服务外包公司日常工作。

三、保障措施

（一）建章立制，严格规范

清源街道办事处根据辖区实际情况制定严格的行为准则规章制度、实名制管理制度及实名制管理台账，在《服务合同》中明确惩处条款及退出办法，严格规范环境秩序社会化服务外包公司工作行为，并对相关制度、台账进行动态维护。

（二）部门指导，强化培训

清源街道办事处牵头组织，城管执法队会同有关科站队所，定期组织环境秩序社会化服务外包公司有关人员集中培训相关法律法规，明确工作目标、工作任务及各类违法行为的劝导方式与方法。

（三）定期会商，共同研究

清源街道办事处每周召集有关科站队所及环境秩序社会化服务外包公司召开会商会，通报问题，说明情况，商议研究，制定整改。

（四）督察检查，通报考核

清源街道办事处主管领导、城管执法队等科站队所、社区有关人员组成考评组，每天巡查检查辖区环境秩序，拍照取证各类违法行为，向环境秩序社会化服务外包公司下发《环境秩序日检查通知单》，要求其及时整改，并定期复查。

每月召开考评会，依据《环境秩序社会化考评办法》，根据日检查、周抽查考核情况。"96310"城管热线市民举报以及市、区两级各类督办单等情况，综合评定环境秩序社会化服务外包公司每月工作情况，并依照合同规定进行奖惩。

第五节　社区社会组织参与城乡接合部环境治理的 "2+1+N" 运行机制

在清源街道办事处精心组织、科学决策的基础上，通过一段时间实践我们提出一套"由社区及社会化服务力量等2个前端管控力量参与、城管执法队运用城管执法协调办1个平台、有关科站队所共同参加采取多种（N种）治理方法"的环境秩序社会化综合治理"2+1+N"工作模式。运行流程如图2-2所示。随着环境秩序社会化综合治理"2+1+N"工作模式深入实施，清源地区环境秩序质量明显提升，具体可表现为"一降四升"。

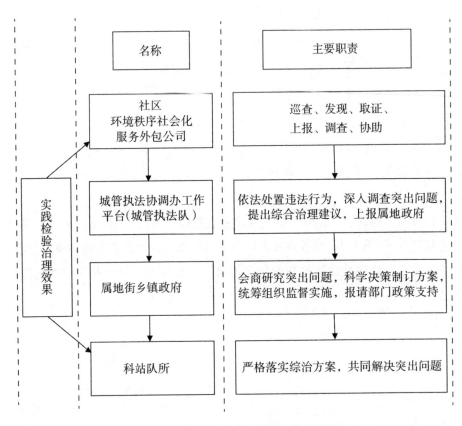

图2-2　"2+1+N"工作模式运行流程图

市民举报与督办单数量同比下降。清源执法队 2018 年 5—7 月三个月的月举报量均达到甚至超过 300 起，在大兴区举报排名前三，作为大兴新城地区街道办事处辖区，仅次于典型城乡接合部辖区。在 8 月中下旬开始实施社会化外包服务后，当月举报量有明显下降。实行后，9—11 月每月举报量出现大幅度下降，在全局排名中逐步退出前三。月举报量最高下降 262 起，降幅达 72.78%，由此看出，举报量的下降充分体现了实行社会化外包服务立竿见影的良好效果。具体如表 2-1 所示。

表 2-1 2018 年 5—11 月市民举报数据汇总

月份	项目				
	"96310" 举报	内线举报	举报合计	占全局比例	全局排名
5 月	267	61	328	13.55%	2
6 月	245	53	298	11.80%	3
7 月	300	60	360	14.61%	2
8 月	188	32	220	12.36%	3
9 月	140	14	154	9.38%	4
10 月	85	13	98	5.70%	6
11 月	94	18	112	8.32%	4

主管部门考核评价显著提升。清源街道办事处辖区面积仅有 5.58 平方千米，却拥有 10 余万人口，举报量、环境秩序问题在大兴新城地区长期居首，大兴区内仅次于 20 余平方千米、25 万人口的典型城乡接合部辖区。清源辖区环境秩序管控社会化外包服务的实行是一把破解难题的利剑，斩开了解决清源辖区的环境秩序问题的豁口。在区政府相关会议上多次得到肯定。在大兴城管执法监察局的内部考核评价系统中，亦多次得到肯定和表扬。有效发挥社会化外包服务的力量，同时也是充分发挥执法部门尖刀作用的有效保障和必要前提。

居民满意度提升。提高群众满意度，增强群众安全感，也是清源街道办事处大力推动本项社会化外包服务工作的主要动力之一。在实施之前，通过我局专人进行举报处理回访工作调查显示，清源辖区群众满意度月平均在62%左右。在实施社会化外包服务后，月平均满意度上升至87%左右。

城管执法角色转变、水平提升。城管执法队一是成立市容环境秩序处置小组，制订处置预案，妥善处置影响市容环境秩序的市民举报，注重在提升城管执法形象的同时，提升执法效果与社会效果；二是成立专业类执法组，通过各种措施加强辖区内施工工地、燃气安全、餐厨垃圾等专业执法工作，运用执法与服务相结合的方式，主动消除各类隐患，得到行业主管部门认可；三是在履行法定职责、落实执法措施的基础上，依托街道城管执法协调办工作平台，成立队领导及业务骨干参加的环境秩序突出问题会商组，分析成因，商讨建议，努力为属地政府标本兼治"痼疾顽症"维持可控局面并提供治理方案与建议。

目前相关研究普遍认为，物联网的核心技术主要包括射频识别（RFID）、传感网、两化融合（信息化和工业化的高层次深度结合）和M2M（Machine To Machine）技术。在城市市容环境秩序管理方面，如何将城市管理综合行政执法工作进行数据化并实时监测，通过传感网络进行智能化决策分析，上述四项技术起到了关键性作用。笔者经研究认为，可合理地运用现有的网络技术和物联网理念，基于"数字框架"信息共享，建立起一个符合我市城市管理综合行政执法需求的，集无照游商查处、门前三包及燃气安全监测、重大施工工程监管、非法停车场监察、违法建设查处等功能于一体的物联网应用平台，促进信息化技术与城市管理业务方面的两化融合，提升城市管理综合行政执法效能，为各层级领导决策提供辅助支持。

一、总体架构设计

总体应用平台设计架构引入面向服务SOA（service-oriented-architecture）的理念，依各模块功能主体归分为基础设施层、数据资源层、传输通信层、应用决策层四层次确保性能，整体体系架构如图2-3所示。

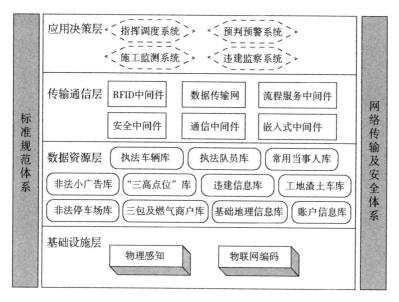

图 2-3　总体架构设计图

二、各层级架构设计

依据上图总体设计思路，本书于此对各层级架构建设内容进行详述。

（一）基础设施层架构建设

作为物联网平台信息系统整体运行的基础，本层设计可划分为物理感知及物联网编码两部分。

所谓物理感知，依据市局关于"五位一体"城管物联网平台的设计理念，即应包括对违法事件的感知和对城管执法队员、执法车辆的地理信息感知，具体内容如图 2-4 所示。

（1）执法车辆感知层：为执法车进行统一喷涂标识，配备了 GPS 终端无线车载取证装置，发挥了监督作用，提高了工作透明度，对外提升了快速响应速度，为第一时间查处违法业态争取了时间保障。

执法队员感知层：为查处违法业态最直接、最真实的层面，依托执法记录仪、执法城管通终端、无线 GPS 定位手台等单警执法信息化设备，能够很好地实现一线违法业态的物理感知，通过 4G 物联网，借助执法通终端，可将一线取

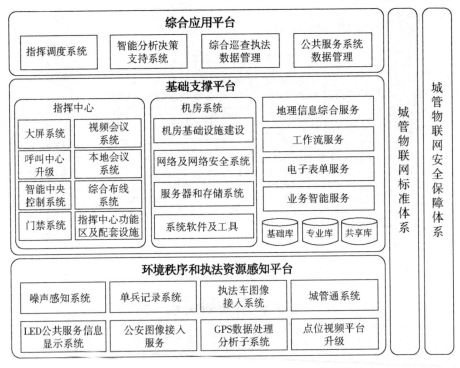

图 2-4　城管物联网结构图

证影像资料、处理过程、处理结果等信息上传至综合巡查系统，便于决策层进行决策或各类综合信息化系统应用。

（2）视频及音频监测感知层：为满足全天候、无缝隙、全覆盖的客观要求，切实缓解执法资源不足，执法监控盲区等问题，设立城管无线监控视频探头及噪声监控试点，实现了对夜间施工扰民的预警感知。同时，接入市公安局的21000 余路视频监控信息，为联勤联动提供了有效的信息化支撑。

（3）重点巡查点位感知层：为更好地实现对城管执法队员及执法车辆的感知，提升城管日常巡查痕迹管理精细化信息化水平。笔者认为，可仿照楼宇巡查执勤打点的方式，以执法队为单位，对辖区内重点违法业态高频地区进行信息化点位设置。通过红外扫描，将执法通终端与点位设备进行对接。执法队员可通过执法通终端进行信息编辑，依据点位实际情况，在巡查中进行实际点位信息上传。既便于领导决策层实时掌握最新辖区动态，又能够督促队员，对日常巡查进行细致化管理，起到一举两得的保护作用。

（4）物联网编码采用 EPC 编码设备，物理感知及编码读取则需借助 RFID 射频识别装置。此外，本层的建设还应包括相关的协议、基础硬件环境等系统底层建设内容。

（二）数据资源层架构建设

作为信息平台的数据存储仓库，本层建设包含执法车辆数据库，执法队员基本信息数据库，常用当事人基本信息数据库，非法小广告查处信息库，"三高点位"日常情况信息库，违法占地及违法建设信息库，施工工地及渣土车辆管理信息库，非法停车场信息库，"门前三包"及商户信息数据库，餐饮企业燃气安全信息库等业务数据以及目录库，基础地理数据库，登录账户用户基础信息数据库等常用数据。

（三）传输通信层架构建设

作为基础数据与最终应用信息系统连接的中间层，为信息平台和应用系统提供业务辅助功能。包含 RFID 中间件、数据传输网、流程服务中间件、安全中间件、通信中间件、嵌入式中间件以及物联网数据交换平台等，以简化业务系统开发冗余工作量。整体的网络传输架构设计及物联网平台搭建是在两个体系规定的框架内完成的，即标准规范体系及网络传输安全体系。对于城管综合行政执法物联网搭建而言，应具备专用的安全网关、安全审计、防火墙、入侵检测系统，以提高网络的安全性，更好地为执法业务进行服务支撑。

（四）应用决策层架构建设

作为物联网系统的核心部分，实现信息平台的核心业务逻辑。通过定制各种业务流程并调用支撑平台层中可复用的业务中间件，实现各种应用并进行辅助决策支持。通过顶层应用决策设计，使领导决策到一线执法人员整体流程立体化、点对点、扁平化。特别是针对城管执法工作中"高发时间、高发地点、高发违法形态"等"三高"问题，通过调用基础数据库，实现环境秩序常量分析和三色态势预警，提高决策响应速率与执法成效。

三、应用决策层建设内容

基于物联网信息平台的城市管理综合行政执法应用主要包括巡查车辆及人员指挥调度系统、"三高"点位环境秩序监测研判及预警系统、施工工地及运输车辆监管系统及违法建设执法监察物联网应用系统四项主要部分。

（一）巡查车辆及人员指挥调度系统

相较于其他省市，北京具有地理面积广、城区人口分布密集、交通易拥堵、郊区地貌广阔、执法半径大等特点。为更合理有效地调配执法资源，实现对巡查车辆及执法人员的有效调度，在感知端，对全市执法车辆进行统一 GPS 定位，并安装智能车载取证设备。通过网络传输，指挥中心可通过可视化 LED 大屏幕动态掌握全市市容秩序情况。及时根据执法车辆、执法人员的任务状态进行临时性调度，形成发现问题，及时预警，合理调度，迅速到达处理的全响应机制。

指挥调度系统应实现同属地政府、应急办、公安系统的无缝隙对接，市城管局、16 个区县局及 4 个特殊地区城管分局应实现互通互联，便于执法动态信息的上情下达与向上汇报。各区县局及 4 个特区分局的指挥调度设备在物理硬件配备上应由市局统一下发安装，并参照市局设立。此外，笔者建议将各地区的执法力量第一指挥权下放到区县级，同时，区县指挥中心向市局负责，结合辖区特点，更高时效地进行调度响应。

（二）"三高"点位环境秩序监测研判及预警系统

高发时间、高发地点、高发违法形态的"三高"点位，其无照或摆摊设点的违法经营行为往往出现在人流量、车流量密集区域，交通的拥堵、人员的密集使得这类地点在网格化城市管理模式中，易成为日常车辆巡查难以覆盖的"死角"区域。为解决城市管理"最后一公里"的难题，通过重点巡查点位感知层，利用无线传输影像终端，采用 RFID 及传感网络，将基础 EPC 数据通过智能传输及监察员步巡"扫点"传输相结合的方式，以影像、音频、文字图片等数据形式，及时传输至中心数据库并进行规则计算。针对一阶段时间内易出现的"三高"点位，通过指挥调度可进行提前的人员车辆部署，既起到了监控预警的作用，又为违法业态出现后的劝离及暂扣提供了先决的人、物保障，从而有效地降低了执法成本及执法风险。

（三）施工工地及运输车辆监管系统

在施工工地土方作业及渣土运输车辆监察方面，可同属地建委协作，利用物联网信息系统进行实时监测防护。将试点工地噪声监测点位在全市范围内进行推广，同时，共享市建委 1000 余个施工工地视频探头监控资源。针对夜间施工扰民、雾霾预警期间未按规定停工或土方作业不规范、渣土运输车辆违规运输等违法业态，物联网系统可立即依据预先制定的算法进行控制处理，如采用限制施工主体行为及车辆运输资质的方式，对危害范围进行控制。此外，利用物联网及辅助机械设备，还可因地制宜地对土方扬尘、噪声进行隔离控制，通过现场的 LED 大屏幕、扩音器等终端设备，也可向相关项目负责人进行法规宣传，从而起到保护预防的作用。

（四）违法建设执法监察物联网应用系统

主要针对违规占地、违法建设整治，特别是一些旧城平房区的乱搭建及权属争议问题，快速、有效地进行处理。基于执法城管通 PDA 终端、GPS 和 4G 政务通信技术，以 GPS 坐标采集、PDA 信息采集、共享规划部门数据与应用三个业务模块为核心，执法人员采用配备的移动执法终端，直接获取控制中心信息，及时查询相关区域的土地监控情况，实时将现场处理结果及信息传输到管理中心的业务系统，为领导决策分析提供依据，全面提升动态执法和快速反应能力。

开展城市管理综合行政执法改革是全面深化改革，破解首都大城市病的最重要的内容之一。将物联网理念和技术应用其中，可提供对违法经营业态"三高"点位智能化的分析评价，强化预警监察力度，加强移动执法及执法资源的响应水平，提高执法成效，降低执法风险。基于物联网技术构建的智能化信息平台，有助于提升城市管理信息化水平，增强城市管理综合行政执法的科学性、合理性。本书在描述物联网相关技术及我市城市管理综合行政执法特征的基础上，经深入分析并提出了物联网智能信息平台的体系架构和建设内容，以求对我市城市管理工作贡献绵薄之力。

第三章

社会治理视角：北京城市边缘区社会环境优化对策研究

第一节　北京城市边缘区社会环境现状及特征

城市边缘区是指处于城市连片建成区和乡村之间过渡带的区域，也被称为城市近郊区，是受城市影响的城乡过渡地带。城市边缘区是城市发展过程中必然伴随的产物，一个城市的现代化水平和成熟程度，相当大程度上取决于城市边缘区的水平，而不仅仅是城市中心区的飞速发展，城市边缘区的发展程度从某种意义上来说能够体现一个城市的发展程度。在北京城市化进程不断加速的过程中，边缘区社会环境的研究对于北京经济和社会的发展具有重要的现实意义。

一、北京城市边缘区社会环境现状

（一）相关治理措施的实施使社会环境进一步改善

近年来，北京市在城市边缘区进行了大量的探索与实践工作，例如，北京市绿化隔离地区的规划实施、重点村的规划实施、大兴城乡一体化规划实施等治理措施，对于城市边缘区社会环境的优化起到重要作用。

1. 绿化隔离地区的规划实施

绿化隔离地区是北京城市总体规划的有机组成部分，它是指城市中心地区与10个边缘集团之间以及各个边缘集团之间的绿化地带。北京市绿化隔离地区的建成，对于北京城市边缘区社会经济发展、城市格局优化、城市生态发展、居民休闲娱乐等具有重要作用。

第一绿化隔离地区规划面积约 240 平方千米，涉及朝阳、海淀、丰台、石景山、昌平、大兴 6 个区的 26 个乡镇和 4 个农场，人口 88.5 万。绿化隔离地区规划绿地面积 125 平方千米，占绿化隔离地区总面积的 52%。2000 年开始北京市第一道绿化隔离地区（近郊城市边缘区地区）的绿化和新村建设等工作大规模开展，并在 14 年间取得了显著的成效。

随着北京经济社会的全面发展，城市建设向外延不断蔓延，北京市第二道绿化隔离地区的建设也已经提上了日程。2002 年《北京市第二道绿化隔离地区规划》制订完成，在宏观层面提出了第二道绿化隔离地区的规划目标、功能布局和建设要求等。

2. 重点村工程

经过北京市上下近 3 年来的努力，北京市于 2008 年基本完成对 171 个"城中村"、60 个零散的环境脏乱的城市"边角地"的整治。2009 年，北京市为破解城市边缘区难题，开展了关于城市边缘区规划和实施措施的初步研究工作，划定了 50 个市级重点整治督办村作为全市工作的重中之重。2009 年 7 月，北京市有关部门向社会公布了 50 个市级重点村名单，这 50 个村庄都是属于北京城市边缘区人口资源环境矛盾突出、社会秩序紊乱、利益诉求复杂、城乡反差明显的村庄。北京市城市边缘区社会矛盾最突出、问题最典型、社会影响也最大。相关媒体这样形容整治前北京市城市边缘区的现状："唐家岭、西局、旧宫、衙门口……虽地处东南西北，但'脏、乱、差'三字则可概括全貌，污水遍地、垃圾如山、'握手楼'林立、治安案件频发……"

在重点村整治过程中，要求属地党委政府集中开展整治。全市公安、住建委、工商、卫生、城管等部门将联合对城乡接合部地区人口密度高、卫生环境脏乱、社会治安秩序较乱、群众安全感不高的 50 个市级挂账整治督办重点村进行集中整治，围绕治安秩序、出租房屋安全隐患、火灾隐患、环境卫生等开展专项清理整治工作。通过专项整治工作，最大限度地做到刑事案件明显下降、治安秩序明显好转、环境卫生明显改观、安全隐患明显减少、防火设备配置到位。

经过两年的建设，至 2012 年年初，北京市城市边缘区的治理取得了巨大的成绩。位于北京市西部的唐家岭通过旧村改造，在原来的位置上新建了一个公益性质的森林公园；位于北京市南部大兴区的旧宫村，则是在原址上兴建了高新技术产业园区；位于北京东部的西店村，在拆迁整理完毕后，建设出一栋栋古香古色的小楼房。

（二）现行流动人口管理政策与管理方式不断完善

1. 户籍管理政策不断完善

城市边缘区由于房租、地理位置等原因，吸引了大量的外来人口居住。北京市城市边缘区流动人口户籍管理法规是1995年颁布的《外地来京人员户籍管理规定》，并于1997年进行了修订。2005年由中共北京市市委、北京市人民政府联合发布了《关于进一步加强流动人口管理工作的若干意见》，这一文件确立了新时期北京市流动人口工作的基本思路和总体格局，确定了首都流动人口管理服务体制的基本架构是"党委政府统一领导，专门机构统一协调，各部门分工协调，条块结合、以块为主的属地工作体制"。

2. 城市边缘区流动人口管理机构体系逐步完善

北京市政府针对外来流动人口的居住问题颁布了一系列的法规，这些法规对北京市流动人口包括城市边缘区的流动人口居住手续和租住的房屋条件都做出明确的规定，进一步落实了房屋管理与人口管理相结合的思路，通过明确的职责确定，包括管理机构的职责、出租人的职责、承租人的职责以及经纪公司的职责，规范了首都房屋租赁市场，保障了房屋出租安全。

北京市成立的流动人口和出租房屋管理委员会是全国首个省级流动人口和出租屋管理专职机构，以此为标志，北京流动人口管理进入了一个全新的时期。这一管理流动人口的新模式的特点，一是根据"属地管理"的原则，把长期在城市就业、生活和居住的流动人口纳入城市公共服务体系，逐步做到与常住人口同服务、同管理；二是做到"以房管人"，加大对房屋出租户的管理力度；三是管理与服务并重，逐步由"以管为主"转向"以服务为主"。

（三）公共服务措施不断完善

1. 就业管理政策更加注重保障

北京市针对城市边缘区的就业管理政策，充分体现了政府对经济性流动人口从"规模控制、严格管理"到"加强对农民进城务工就业的管理和服务"理念的转变。如2004年北京市劳动和社会保障局出台了《北京外地农民工工伤保险暂行办法》和《外地农民工参加基本养老保险暂行办法》，大大提高了流动人口在北京的医疗和工伤保障水平。

2. 城市边缘区流动人口住房条件将有较大改善

2010年开始北京市流动人口的住房问题通过租住公租房，即通过有组织地建设一部分公租房，产权归集体经济所有，或农民所有，定向租给流动人口这一方式逐步解决。

3. 医疗及卫生服务和教育政策有较大改善

近年来，北京市在流动人口的传染病控制、免疫规划、降低孕产妇死亡率等方面开展了大量工作。城市边缘区流动人口的子女教育问题一直是多方面关注的热点。北京市政府关于流动人口子女义务教育的政策规定已经相当明确，各区县依法承担主要责任。

二、北京城市边缘区特征

（一）人口构成具有明显的城市边缘区特征

流动人口问题一直是世界性的社会问题，不同的学科对于流动人口的界定也不尽相同。我国对于流动人口的界定专指在一定时期（通常指一年）内不改变自身户籍状况，并且离开常住户口所在地在另一行政区暂时寄居或临时外出的人口。数目巨大的城市化人口拥向了城市，其中以流动人口对边缘区的冲击最大，其中包括城市边缘区丧失土地而转到城市谋生的农民、乡村进城打工的农民工人。

2014年年末北京市常住人口2151.6万人，比2013年年末增加36.8万人。其中，常住外来人口818.7万人，占常住人口的比重为38.1%。常住人口中，城镇人口1859万人，占常住人口的比重为86.4%。常住人口出生率9.75‰，死亡率4.92‰，自然增长率4.83‰。从人口分布来看，2014年年末，城市功能拓展区常住人口最多，达到1055万人，占49%；其次是城市发展新区，常住人口为684.9万人，占31.8%；首都功能核心区和生态涵养发展区常住人口相对较少，分别为 221.3 万人和 190.4 万人，所占比重分别为 10.3% 和 8.9%。城市功能拓展区常住外来人口最多，达到 436.4 万人，占全市常住外来人口的 53.3%；其次是城市发展新区，常住外来人口为 296.9 万人，占 36.3%。

首先，分区县看，昌平区常住人口增长最快，十年间常住人口年均增长率达 10.4%；大兴区和通州区常住人口年均增长率分别为 7.4% 和 5.8%，远高于全市 3.8% 的年均增长率。由此可见，北京市人口城市化过程中的郊区化现象已经从城市近边缘地区向远边缘地区延伸，这与城市的产业布局、经济发展、住宅建设及道路延伸有着直接关系。

其次，从区县看，常住人口位居前三位的区县是朝阳区、海淀区和丰台区，三区人口占全市总量的 46%。常住外来人口位居前三位的是朝阳区、海淀区和昌平区，三区外来人口占全市的 52.6%。门头沟区、平谷区、密云区和延庆区四个区县的常住外来人口均不足 10 万，占全市比重仅为 2.6%。环路人口分布呈圈层向外拓展，即由二环、三环内向四环外聚集。2014 年人口抽样调查结果显示，三环至六环间，聚集了 1228.4 万人的常住人口，占全市的 57.1%；四环至六环间聚集了 941 万人，占全市的 43.8%；五环以外 1098 万人，占全市的 51.1%。

常住外来人口与常住人口在环路分布情况基本一致，且向外拓展聚集的特点更加突出。三环至六环间，聚集了 637.6 万人的常住外来人口，占全市的 77.9%；四环至六环间聚集了 532.1 万人，占全市的 65%；五环以外 422.5 万人，占全市的 51.6%，大多数外来人口聚集在城市边缘区。

（二）产业结构与土地利用特征明显

1. 产业结构特征

城市边缘区的产业结构主要是大宗商品、物资流通集散中心，都市农业中心。大城边缘区凭借其交通枢纽位置和"开敞空间"等优势，通过开办各种批发市场、货栈、集贸市场、期货与现货交易、二手货交易和各种定期与不定期展销会，逐步确立了其在城乡乃至跨省区物资、商品流通集散的中心地位。具体表现在：边缘区批发、交易市场数量多、规模大。流通集散地域范围大，流通集散品种多样。

2. 土地利用特征

通过对北京城市边缘区集体产业用地的研究，北京城市边缘区工业大院多，土地利用不集约。城市边缘区外缘形成了大量的工业大院。而内缘区区县虽然没有鼓励发展村办企业的政策，但受经济利益等多重因素影响，也先后形成了大量类似于工业大院的低端集体企业。

第二节　北京城市边缘区社会环境突出问题

尽管已经取得部分成绩，但是城市边缘区的社会环境仍然存在着大量问题。北京市快速城镇化也带来一系列难点，一是人口、资源、环境矛盾突出，城市边缘区居民在收入水平、教育、医疗、社会保障等方面的差距依然存在；二是基本公共服务尚不均等，社会环境有待进一步优化。

一、流动人口管理面临挑战

20 世纪 80 年代，北京市人口分布呈现明显向郊区集中的态势。截止到 2014 年年底，北京市流动人口达到 818 万人，他们绝大部分居住在近郊区的城市边缘区。以昌平区北四村地区为例，自 2010 年海淀区唐家岭地区搬迁、沙河大学城拆迁、回龙观村拆迁以后，大量外来人口集聚到此，北四村成了新的"蚁族"村。2014 年中央电视台《新闻 1+1》栏目对北四村情况进行了多期跟踪报道，调查显示北四村的常住户籍人口 6000 余人，但是流动人口有 9 万人，达到了 1∶15 的比例。外来人口中，以在中关村、上地附近工作的年轻人居多，每天上下班时间，公交车站、城铁站的人流像潮涌一般，人口倒挂问题非常严重。

在我们的实地调研中，从被调查对象的比例也可以看出外地人口多于本地人口（见图 3-1）。具有当地户口的仅占 41%，而超过一半的人为外来人口，这也充分体现了城市边缘区户籍人口分布特点。

二、社会治安问题突出

社会治安差、安全隐患多，综合治理迫在眉睫。北京警方发布 2009 年北京

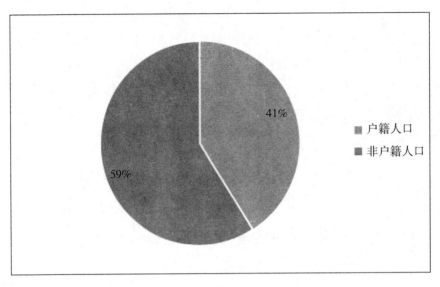

图 3-1　城市边缘区户籍人口与非户籍人口比例

入室盗窃警情通报，城八区 10 个地区入室盗窃案件少于 10 起，但城市边缘区 10 个地区警情高发，平均超过 200 起。根据丰台公安局的一项调查发现，社会治安案发率 70%源于流动人口，70%发生在流动人口聚集场所，70%的受害人为流动人口。上述这些数据表明城市边缘区社会治安环境急需改善。

　　同时，多种原因导致该地区的安全隐患十分突出，主要表现在以下四方面。第一，消防隐患。由于基础设施薄弱、消防设施不全，而村民随意自建房屋，消防通道被占用情况严重，存在极大的消防隐患。一旦发生火灾，后果将十分严重。第二，房屋自身的安全。由于违法建设的房屋存在严重的质量问题，同时该地区仍存在大量的危房、旧房，由于特殊天气影响，极易发生倒塌等房屋自身的安全事故。第三，生产本身的安全。由于存在大量假冒伪劣制造窝点，且生产环境恶劣、生产流程不规范、缺少监管，因此生产环节极易发生爆炸、失火、人身伤亡等恶性事件。第四，交通安全。该地区违章建房占道现象严重，道路拥挤不堪，车流、人流混杂，由于电动自行车超速行驶等导致的交通事故频发，交通隐患也不容忽视。

三、卫生环境差

由于城市边缘区农村社区基础设施建设相对城市来说还比较薄弱，环境治理存在着短板和不足，北京周边很多城市边缘区的环境状况持续恶化，污染严重。首先，由于建有大批污染性很强的企业，使大气和地下水遭到严重污染，生态环境不断恶化。其次，城市边缘区、郊区乡镇等地区尚未形成规范的垃圾管理系统，垃圾露天堆放或简易填埋的现象比较普遍，酸臭腐朽味道充斥空气（见图3-2）；流动的摊贩较多，餐饮垃圾随处可见，加之清理打扫不及时，垃圾处理不及时，一不留神就会踩到一次性餐具、水果皮、食品残渣等。最后，由于城市边缘区外来人口多、流动性强，加之配套的市政设施较不发达，甚至有的连公共厕所也没有，很多街道污水横流、垃圾遍地，几乎难以下足，人为污染问题严重。因此，作为城市生态系统重要组成部分的城市边缘区，在改善环境面貌、绿化美化等方面的建设任务仍很繁重。

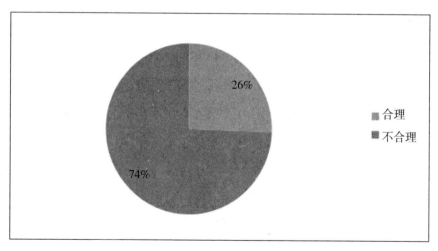

图3-2　调查中发现垃圾桶分布的情况

四、医疗卫生保障亟待完善

医疗资源丰富的北京市，人均医生数、护士数和床位数等三种医疗卫生设施与资源表现出明显的差异，设施与资源更多地集聚于中心城区。城区内高水平的医疗卫生设施与资源较为集中，而周边区县的卫生设施与资源则存在不同程度下滑，甚至以收入分配的评价标准来看，医疗卫生设施和资源在空间布局上已经接近了较不公平的警戒线。

北京市城市边缘区的流动人口普遍居住在城市边缘区的一些生活环境较差的平房区域，这些地区往往是垃圾处理场或卫生状况很差，同时流动人口中往往是夫妻两地分居，从而更多导致了卫生健康的问题，还有一些流动人口工作在有毒环境的生产厂家中，从而带来一些职业病的问题。这些问题对首都的医疗保障体系提出了挑战。

五、教育环境需要进一步优化

人口的受教育水平可以用人口受教育年限来衡量，也就是教育水平综合均值。我国人均受教育年限逐渐增长，如在1990年尚为6年，到2000年已提高到8年，2003年北京市居民的人均受教育年限已经达到了9.99年。就北京的流动人口而言，其素质也在普遍提高，尤其是进入21世纪以来，提高的速度明显加快。1999年北京流动人口的教育水平综合均值为8.78，2001年达到9.11，2002为9.06，2003年则上升到9.31。

目前，北京流动人口中受过初中教育的为绝对主体，大专学历以上的流动人口比例仍然不及11%，这意味着其余89%的流动人口仍只能主要从事体力劳动，虽然不识字或识字很少，小学、初中水平的人口比重在逐年下降，高中、大学专科、大学本科及以上三部分的人口比重在不断上升。但是，在北京这样的城市，他们的受教育程度仍是限制他们在轻松、体面、效益高的部门找到就业机会的主要因素。在众多影响农民工生活质量的因素中，受教育程度成为最显著因素。从受教育程度看，所有变量都非常显著，并且其方向表明受教育程度越高，生活质量越高。在其他条件相同的情况下，文盲组比小学组的生活质量指数低0.6%，初中组比小学组的生活质量指数高1.7%，高中组比小学组的生活质量指数高4.1%，大专及以上组比小学组的生活质量指数高7.0%。

在不同地区的城市边缘区课题组通过分别对延庆、昌平区沙河镇以及唐家岭地区这三个城市边缘区地点进行调研，发现居民平均受教育程度相比较存在明显差异。如图3-3、图3-4、图3-5所示。

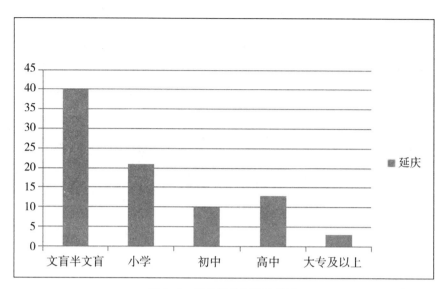

图 3-3 延庆平均受教育程度

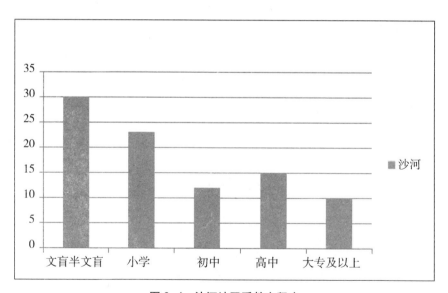

图 3-4 沙河地区受教育程度

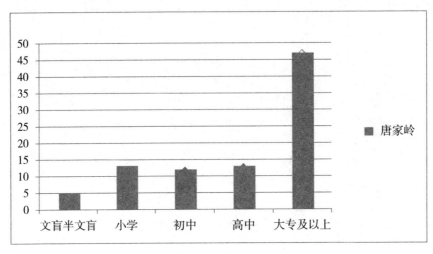

图 3-5　唐家岭地区受教育程度

从上图可以很明显看出，在延庆，大多数居民的平均受教育程度为小学到初中，沙河地区平均受教育程度为初中到高中，在唐家岭多以大专、本科及以上学历为主，由此可以看出，不同的城市边缘区人口受教育程度有较大的差别。在调查中发现，外来人口的年龄都为中青年，有很大一部分都会面临子女受教育的问题。如图 3-6 所示。

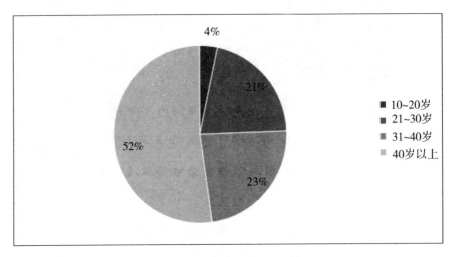

图 3-6　被调查对象年龄分布

目前，教育统计基本上以户籍人口作为统计口径，这使得一些地区特别是流动人口比较集中的地区对流动少年儿童的教育问题的统计信息还不够完善。由于教育资源的紧缺，流动人口子女不能享受与当地同龄孩子同等的教育。虽然已经有专门为外来人口提供教育的学校，但是过少，而且师资力量薄弱，并不能满足所有外来人员子女入学要求。

六、社区管理需进一步加强

城市边缘区的社区特征表现为农村社区不断转变为城市社区，这种转化主要通过土地利用形式的转变来实现。正如顾朝林指出，从动态观点看，城市边缘区的社区结构被看成是城市社区不断侵入农村社区，并使农村社区转化渐变为城市社区的演化过程。这种侵入和演化主要通过土地利用形式和土地占有者更迭来实现。城市边缘区侵入和转化使发达的社区逐步形成有明确界限的分区，每个区都具有明确的特征。城市边缘区由城市社区和乡村社区组成，城市被乡村社区所包围。北京城市边缘区的社区基本上可以分为高档社区、一般商品房住宅社区、经济适用房小区、老旧小区、回迁房小区、农村社区等。

（一）回迁社区管理有待进一步提升

回迁社区的居民主要是回迁住户，社区管理目前存在一些问题。例如，居民主要是由原来的村民组成，还难以适应城市社区的管理模式，对于物业管理有很大的不适应性。如没有主动交物业费的意识，居民对于自己所居住房屋出现的任何质量问题都归结于物业，导致物业费长期拖欠。物业公司由于资金短缺，因此会降低服务质量，导致小区环境恶化，存在许多安全隐患。如物业因此会疏于进行电梯的维修、垃圾的管理等，电梯会出现更多的安全隐患，小区的卫生环境会出现恶性循环。社区文化建设、社区养老设施等比较欠缺，社区服务意识还有待进一步加强。

（二）出租房屋管理存在诸多隐患

在城市边缘区存在大量的出租房屋，出租户向外来打工者出租房屋的同时，也给边缘区的社会环境带来种种问题。由于房屋的出租能赚钱，居民尽可能地出租房屋，致使违章搭建现象较为严重，破坏了边缘区的生活环境。由于边缘区农村部分大都为一户一院的传统居住方式，对外界有很强的隔离性，有些出租屋已沦为藏污纳垢的场所、犯罪分子的栖身之地，给社会治安管理带来困难。由于对出租房屋监管不严，大部分是临时搭建的棚屋，建筑质量差，存在大量事故隐患。

七、基础设施有待提升

由于外来人口的不断聚集，造成城市边缘区的市政基础设施建设滞后，设施超负荷、环境超负荷的恶性循环局面，交通设施也存在压力。北京市城市外围轮廓紧凑度越小，表明城市各部分之间的联系距离越大，城区形态发展越来越松散，城市基础设施和已开发土地的利用效率将会降低，居民通勤时间增长，从而增加能源消耗和大气污染物的排放。城市边缘区交通秩序较为混乱，容易出现交通拥堵情况。如停车场的缺乏使马路边停靠过多的汽车，大大地增加了安全隐患。出行交通不够便利，打黑车又没有安全保证。在延庆，只有大约300辆的电车是属于比较正规的出租车被使用的，剩下的不是一些民间自治组织成立的"五元车队"，就是上班族利用下班时间用自己的私家车跑黑车，没有完备的管理系统和安全保障。

如图3-7所示，是人们出行方式选择统计图。由图可见，步行和乘坐公共交通工具占主要地位，其次是打车和骑自行车，选择开私家车出行的人却是最少的。在访谈过程中我们也提到了这个问题，为什么多数的人会选择步行或者乘公交车或者骑自行车，被访谈者很快速地回答说，步行和骑自行车较为方便，稍稍远一点的地方便乘公交车和乘坐地铁。

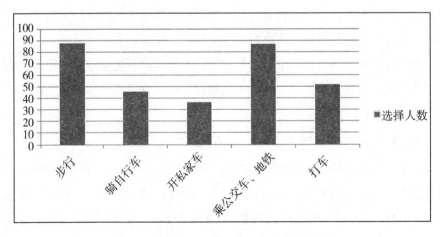

图3-7　出行方式选择

第三节 北京城市边缘区社会环境问题原因分析

一、城乡二元管理体制同时存在导致管理存在漏洞

（一）政府管理机构存在二元机制

长期以来，我国农村和城市被纳入两套泾渭分明的治理体系，一是农村管理体系，主要采取县、乡建制，管理和服务乡村地区。二是城市管理体系，采取市、镇管理体制，负责管理和服务具有非农业户籍的居民。其中，乡（镇）政府和街道办事处分别为最基本的治理单位。但根据我国《地方政府组织法》等规定，乡（镇）政府和街道办事处具有不同的机构性质，前者是作为一级行政机关而存在的，集政治、经济、社会管理于一身，具有独立的财政权和执法权。街道办事处不是一级政府，不具备相对独立的财权和相对完整的事权。

（二）行政组织职能存在二元性

基于机构性质、治理对象等方面的差异，城乡体制转轨后的行政组织职能也存在显著差别。作为国家设在农村社会的一级行政机关，乡镇负责本区域内的政治、经济和社会事务，职能较为复杂且较为完整。街政最初的职能是办理市、市辖区的人民委员会有关局每年工作的交办事项，指导居民委员会的工作，反映居民的意见和要求。随着社会经济形势的发展，目前已发展至"根据区政府授权，监督专业管理，组织公共服务，指导社区建设"。但不管怎样，两者的差异较大，而在实际的政府治理过程中，此种差异更为显著。

（三）财政与人事管理体制存在二元性

就人事管理体制而言，城乡管理体制并轨之前，城市边缘区的组成人员——乡镇干部大多由前任干部举荐或是其他非正式渠道产生，多由区域内居民担任。主要负责人——乡镇长由乡人民代表大会选举产生，再由上级政府确认，他们的权力和权威基本上源于当地民众。乡街体制并轨之后，作为上级政府的派出机构，街道办事处的负责人主要由上级政府任命。城乡行政管理交错导致管理缺位，很大程度上又源于两种体制下财政收支体系的不同。长期以来，我国实行的是公共财政制度的"双轨制"，即城市管理体制下所有公共管理开支均以公共财政为后盾，公共物品支付实行专款专用。农村公共管理费用除乡村企业上缴税收的部分返还外，多属自身收支平衡。此种财政体制导致的直接后果是，农村公共物品提供的"外溢性"与区域发展的封闭性。一方面，按照现有财政体制，既然乡村政权和居民承担了自身公共管理和公共物品提供的费用，那么受益范围也应局限于这部分群体。但是，在城市化过程中，城市边缘区乡镇所担负的公共管理和服务内容已发生了重大变化。乡村政权无力负担城市化后的额外公共支出。

如海淀区四季青镇在 2004 年开始大规模城市化进程。当年，全镇实现总收入 30 亿元，乡镇企业上缴国家税金 6100 万元，镇域内全部企业实现税收在 3 亿元以上。按现行财政体制，区财政每年划拨给乡镇的财政支出只有 2700 万元左右，镇财政不能从经济发展和税收增加中得到分成奖励。同时，四季青镇绝大部分属于规划市区范围，城市管理要求越来越高，社会管理和公共服务的负担越来越重。

（四）社区管理方面存在二元性

与乡改街的体制变革相一致，城市边缘区治理也经历了由村民委员会自治向居民委员会自治的转型。改制之前，社区管理主要以村民自治的方式展开。根据《中华人民共和国村民委员会组织法》有关规定，村民委员会是村民自我管理、自我教育、自我服务的基层群众性自治组织，实行民主选举、民主决策、民主管理、民主监督。村民委员会办理本村的公共事务和公益事业，调解民间纠纷，协助维护社会治安，向人民政府反映村民的意见、要求和提出建议。在城市化进程中，城市边缘区的一部分农村转化为社区后，社区管理主要依托于居委会。尽管划分时强调地域性和认同感等社区构成要素，但由于地域范围确认的时间很短，城市居民只是在生活方面与社区发生联系，且流动性强、同质性弱，所以民众参与的意愿和积极性相对要冷淡很多。

二、现有部分治理模式需要加强系统性

重点村整治取得了较好的成效，但由于改造成本越来越高，仍有大量问题难以解决。在专项整治过程中，公安、消防、城管、工商等部门都会联合组织各类行动，比如，针对黑车、黑摩的、露天烧烤、摊贩非法经营、黑诊所、五小场、三合一场所、违法违章建筑等问题的整治，取得了较好的效果。但这些专项治理行动往往会出现治理期间效果明显，专项治理时间一过，各类问题隐患迅速反弹，形成了一种运动战的常态，给治理工作带来新的挑战。

三、流动人口管理存在压力

城市边缘区便利的交通条件、便宜的居住成本是吸引流动人口的主要条件，使流动人口成为城市边缘区迅速发展的推动力量。一是对外来流动人口采用"谁主管、谁负责；谁聘用、谁负责；谁容留、谁负责"的管理模式，这种模式反映出对流动人口侧重于防范型治安管理整治，而对他们的需求了解不多，提供的服务少之又少，甚至没有；二是流动人口主要从事商业、服务业等低端产业，有时会受到社会的歧视。这些问题的出现造成他们对社区缺乏认同感和归属感，有时产生逆反心理，构成城市边缘区社区不安定因素，成为安全治理的突出问题。流动人口管理失秩是造成城市边缘区安全治理的突出问题。由于人户分离的现象严重，流动人口多，无固定职业和住所的人员较多，甚至很多城市居民也是不定期居住，通过户籍管理难以奏效。

发展规划缺乏对流动人口的考虑，如城市边缘区回收废旧物品的劳动者，经历了一个从三环到四环到五环的非自愿搬迁过程；同时城市边缘区流动人口容易受政策影响，如2008年北京奥运会期间，中国农业大学东校区家属区提供餐饮的诸多摊位，附近小月河社区的众多服装、餐饮摊位都被关停。政策的影响使城市边缘区流动人口的就业变得更加困难。

四、社会自组织能力有待提升

在西方国家的城市发展进程中，社会组织在城市公共服务供给方面起到重要作用。社会组织能够化解由于政府财政压力带来的公共服务不足的困境，打破政府提供公共服务的单一性和低效率的局面，为城市发展提供多元化和个性化的公共服务。在我国城镇化进程中，社会组织的发展依然面临困境，在承担城市公共服务供给的作用方面还有待提升。这是因为进入城市工作和生活的社会公众在社会自组织能力方面表现较弱，城市社会"碎片化"现象存在，城市中存在的"社会资本"不充裕。一方面，公众结社意愿不足，我国万人拥有社会组织数量仅为法国的1.3%，日本的1.5%，新加坡的10%；另一方面，已经形成的社会组织发展中自身"造血"能力较弱，在参与公共服务供给过程中"嵌入式"发展存在能力不足。由于社会组织自身经费不足和社会服务专业能力的缺乏，使得社会组织在新型城镇化进程中对城市公共服务供给能力有限。如一些社会组织服务的项目中，由于持续专业支持的缺乏，很多社会项目缺乏后续服务。而在目标群体处于困境时，由于项目间断或者缺乏后续服务，项目会面临废弃、停顿的命运。近年来，北京、上海、广州、深圳等城市政府加强了与社会组织的合作，通过向社会组织购买公共服务项目增加城市公共服务供给，但是由于社会组织自身的局限性，政府购买的领域有限，社会组织参与公共服务供给的规模和范围都十分有限，社会组织的专业服务能力和可持续发展能力都有待提高，城市政府一部分公共服务供给职能难以短时间内转移到社会。在新型城镇化进程中，如何使社会组织在公共服务供给中发挥其重要作用，提升社会组织的发展能力，对于城市社会组织的管理提出了制度转换的需求。

社会组织服务能力不足在很大程度上表现为经费不足。在城市化进程中，社会组织服务社会需要大量的经费来实现，但是无论是官方社会组织还是民间社会组织都存在经费不足的问题。一方面，表现在我国民间捐赠能力较弱，另一方面，政府对于社会组织的经费支持还不充分。有2001年的调查报告显示，几乎90%以上的社会组织每年支出金额在50万元以下，只有不到2%的社会组织每年支出规模在100万元以上。虽然这一状况在目前有所缓解，但是社会组织经费问题仍然表现较为突出。从国家统计局2010年7月发布的2009年城镇私营单位就业人员年平均工资统计数据可以看到，公共管理和社会组织类的年平均工资水平为全行业最低，只有全国平均水平的45%。更为突出的是，2009年比2008年工资平均水平不升反降，下降了2.9%。

由经费不足带来的连锁反应是社会服务专业能力缺乏。就以北京为例，大多数社会组织专职人员只有2~3人，工资待遇也较低，而且专职工作人员主要为刚毕业的大学生以及年长的从业人员，高层次专业化人才比较缺少。莱斯特·M.萨拉蒙就曾提出，由于社会组织是志愿性组织，社会组织提供的薪酬不具有竞争力，因此难以吸引专业人士加入社会组织的工作行列，由具有爱心的业余人士来参加的社会组织，在提供社会服务的过程中难免会影响其质量。社会组织所进行的社会项目需要持续的专业支持，社会组织缺乏专业能力会限制自身的行动和指导能力。在现实当中，由于持续专业支持的缺乏，很多社会项目缺乏后续服务。而在目标群体处于困境时，项目停顿或者缺乏后续服务，项目会面临废弃、停顿的命运。在城市化进程中，社会组织的专业服务能力、管理能力、创新能力和可持续发展能力都亟待提高。

第四节　国内外城市社会环境治理措施经验

一、美国城市社会环境治理措施

在经历了工业革命以后，美国城市化水平呈 S 形曲线上升，从 1840 年开始超过 10%，到 1960 年达到 70%，2000 年达到 80% 左右，之后保持稳定。美国的快速城市化发展，使多数城市周边原有的自然区域变成了城市郊区，出现了城市边缘区的郊区化发展。20 世纪初，这一现象逐步呈现出快速发展的趋势，特别是到 20 世纪 80 年代最为明显，伴随着城市人口逐渐由中心城区向郊区分散，城市边缘区空间的功能也随之改变。自 2000 年后，两次经济衰退对美国城市发展造成了重创，政府出于节约基础设施开支的考虑，提出城市发展转向城市中心区的再城市化，将传统的中心城及城市郊区共同构成大都市圈，进行区域协调发展。

美国在城市化进程中，丰富的土地资源为城市化发展提供了充足的建设条件。据调查，美国大部分的城市化发展所利用的土地主要为城市边缘区的农田和未开垦地川，这些土地除了被用于商业和居住外，其余部分则被开发成为牧场、森林、公园和不同类别的生活娱乐用地，散布于城市边缘区内，形成新的边缘社区。随着美国城市化进程中的城市地域扩张和人口增加，一些城市边缘区的农田和荒地等土地被肆意侵占，规划师们也在通过缩小边缘区内绿地面积的手段，来实现住宅的均匀分块布置，这使得美国许多城市被郊区住宅社区带包围，城市边缘区原有绿色空间大量减少。

20 世纪后半期，美国大多数的城市边缘区被低层住宅社区覆盖，形成了"一个没有固定位置的小块土地的集合体"。20 世纪五六十年代以后，人们对环境保护的意识不断增强，一些环保组织多次进行相关的法律诉讼。美国政府开始注重城市边缘区绿色空间的保护，出台了一系列针对耕地和旷野保护的法律法规。此外，美国土地学会等相关规划协会也在全美各大城市规划中提出相应的规划政策，呼吁重点保护城市边缘区绿色空间及生态环境，如规划区域公园体系与公园道路系统；在开发居住区时，提高居住密度，提倡多种住宅类型的混合开发，建设经济、有效的可持续性绿色社区；增进土地和基础设施的使用效率；创建不同的交通模式；保护农田，释放更多的开放空间等。这些政策在波特兰、纽约、亚特兰大、马里兰、明尼阿波利斯及圣保罗等美国区域规划中都有所体现，它们在避免盲目开发城市边缘区方面发挥了积极的作用，保证了城市边缘区绿色空间所占的合理比例。1973 年，俄勒冈州通过了包括《波特兰市城市扩展边界》（Urban Growth Boundary，UGB ）在内的一系列土地利用规划法，其制定是以保护边缘区的农田为目标确定了城市扩展边界。UGB 于 1979 年正式实施，并严格执行，使得波特兰的城市土地在 20 年内扩大面积有限，城市人口增加 4.54 万人，增幅为 30%，有效控制了波特兰的城市扩张。

二、日本城市蔓延及其治理

进入 20 世纪 70 年代，日本控制地方尺度的城市蔓延很快被关注更大尺度的都市圈尺度的蔓延所取代。一方面，认为已逐渐控制了城市边缘区随意的、缺少服务的开发；另一方面，更大规模的都市圈增长及其引发的问题凸显，从而掩盖了方向性问题。都市圈持续增长不仅急需对交通和管道等进行巨大投资，而且产生了巨大的、成本极高的、不可逆转的功能失调现象，最显著的是交通拥挤、地价上升和长距离通勤，特别是居民通勤时间过长导致劳动生产率下降。此外，公共空间和乡村减少，用于基础设施的高额投资不断增长，大气和水污染越发严重，损害居民健康，甚至引起道德退化和犯罪率上升。此外，都市圈不断扩展引发的问题远远超出了都市圈，如抽取败落地区的生产性投资和人口，无休止地兴建郊区住房吞噬了高价值的农用地。一些学者提出需要控制最大城市的规模和形态，最大城市前所未有的空间扩展所产生的问题从本质上不同于以往城市问题，需要新的规划力量。控制蔓延的概念扩大到都市圈增长的整体空间布局。

不过，在 20 世纪 80 年代，日本都市圈规划的主要思想受到质疑。进入 90

年代，城市形态和城市蔓延重新成为规划者关注的中心议题。由于都市圈增长的空间布局对交通及能源利用产生巨大影响，因此被认为是实现都市圈可持续发展的关键因素。学者们广泛讨论什么样的都市圈形态最有效。有的学者提出紧凑的、高密度的城市形态最有效；而另有学者反对高密度，认为如果工作地点和居住地点紧密结合在郊区，将大大减少交通量。在日本，广泛接受的观点也是类似于丹麦和瑞典沿着交通线路"离心式集中"的城市形态是最有前景的，即以某一主要交通设施为中心，开发集中混合用地的各个节点，不仅满足当地的多种需求，而且降低与城市中心之间的长距离通勤。比如，东京都市圈的郊区就是沿着辐射状的城市轨道线路发展起来的，并在城市轨道交通的终点站产生了城市次中心。

为此，2000年日本通过一项新的城市规划法以修正1968年城市政策，指出地方城市规划主要由市政府负责。同时市政府还要应对不断减少的人口的各种需求。所以，为应对各种社会和政治变化，地方政府急需确定城市理性增长模式和采用合理管理方法。然而，实行起来却是非常困难的，因为城市蔓延已经造成诸多后果，如建成区任意空间配置、公共和社会基础设施建设成本增加、公共服务低效、居民之间社会交往降低、市中心商业外流等。

防止或阻止城市蔓延是现代城市规划体系发展的主要目的之一。日本城市规划者认为，土地重整是抑制城市蔓延的有效手段，其作用是降低土地破碎程度，改善居住环境和促进城市发展。土地重整已经广泛应用到德国、瑞典、韩国、中国台湾等许多国家和地区。在日本，土地重整被誉为"城市规划之母"，约1/3的城市面积是采用此方法进行开发的。尽管土地重整也应用到商业再开发、新城镇建设和公共住房建设等，但该方法最初是用在不断增长的城市边缘如何开发新的城市用地。土地重整是一组土地持有者联合开发或重新开发土地。本质上，土地重整是拥有零散的、不规则农业地块的土地持有者拿出各自土地，建设道路和主要基础设施，再将城市化的土地细分给土地持有者的过程。每个土地持有者必须贡献自己土地的一部分（约占个人全部土地的30%），为道路、公园、其他公共地域以及储备土地等提供空间。在土地重整项目结束时，出售储备土地来支付规划、管理和建设等成本。对土地持有者来说，土地重整后尽管个人拥有的土地面积减少，但土地价值被大大提升。对规划部门来说，通过土地重整，不仅提供了公共设施，建设了必需的城市基础设施，而且绝大部分通过自我融资的途径。所以，对土地持有者和规划部门双方而言，土地重整极具吸引力。

在20世纪七八十年代，随着东京和大阪等都市圈快速扩展，市民为享受良好的居住环境如带花园的独体别墅而开始在郊区定居。并且，自20世纪90年代日本撤销了对城市规划法的管制，允许地方城市在郊区甚至城市控制区兴建大型购物中心。一些城市为刺激当地经济和增加就业机会，过度兴建郊区大型购物中心。这不仅损害了自然环境（噪声污染、空气污染）和农业用地，而且对城市中心产生负面影响。不仅从财政上压垮了城市中心的传统购物区，而且促使市民更多依赖小汽车。因此，2006年日本政府修改城市规划法、中心城市激励法、大规模零售店布局法等，试图控制郊区发展。

同年，国土交通省、外务省共同宣布建设紧凑城市的政策，目的为解决人口不断减少、快速老龄化和高度依赖小汽车等诸多城市社会问题。地方领导、城市部门官员和规划者以及研究者纷纷开始密切关注紧凑城市。紧凑城市是欧洲国家可持续城市规划中的理念，以"可持续性"为基础，可持续城市的特征体现在城市公正、优美、创新、生态、紧凑、多中心、多样化以及容易移动和通达。

由于可持续性包括经济和社区发展以及环境问题，故应以更综合的理念来实施，包括保护自然环境、维持社会环境和改善生活环境等。日本紧凑城市的概念与欧洲国家略有不同，欧洲国家强调保护农业和城市绿地空间，而日本农业者一般并不愿继续农业和宁愿卖掉土地用以城市开发。二者相似之处在于都把降低小汽车使用和重新繁荣市中心作为目标。

为创建紧凑城市，日本国土交通省宣布住在市中心的政策，并在许多地方城市具体实施。国土交通省和地方政府认为，如果郊区人口搬到市中心，将刺激市中心再度繁荣。2000年以来的城市再次集中化就是源于市中心的再开发项目，如私人开发者在市中心建设中高层公寓和商业及办公大厦。而且，为有效实施这一政策，还加强城市交通网络建设，使得城市交通为市民尤其是老人和不开车的人提供便利，对自然环境和生活环境更加有益。

日本中央政府允许每个城市通过采取土地利用措施、增加市中心容积率、在市中心兴建中高层公寓等方法控制城市蔓延。为此，一些城市根据紧凑城市理念制定综合城市开发政策。比如，青森市拥有人口31.3万，65岁及以上老人占 20%以上，具有严峻的人口问题，即出生率下降所带来的快速老龄化。同时也具有突出的城市规划问题，如城市蔓延，自 20 世纪 70 年代许多购物中心和住房在郊区纷纷开发，并且交通拥挤、交通噪声、空气污染等也急需解决。由于冬天大雪，政府需要支付大量资金用于清除积雪和投资兴建连通市中心与郊区的道路。城市已经面对严峻的财政困难，需要以紧凑城市理念为基础，制订综合规划以节约城市投资。1999 年开始具体实施紧凑城市策略，目前不仅行政管理有效，而且取得显著的市民利益和环境效益。

三、英国城市绿化带的应用

英国绿化带的范围非常清晰、容易辨识，因为该国通常用一些易于辨别的地理特征来定义绿化带的范围，如河流、山体、道路或林地的边缘等。这样有利于市民、农民和土地所有者了解和维护绿化带，同时也给土地管理者提供方便，便于土地开发项目的评定和审批。在行政系统上，绿化带的范围由区级规划来确定，然后经过县级规划部门的同意后开始实施。绿化带的范围一经确定，除非在非常特殊的情况下或征得县级规划部门的允许，否则不能更改，因此，持久性就成为绿化带的基本特征。

土地利用是绿化带政策的主要内容之一。2006 年英国新修订的《绿化带纲要》对绿化带中的土地利用非常重视，首次提出绿化带中土地利用的六个目标：为城市居民提供接近开放乡村的机会；为附近的城市居民提供户外运动和娱乐活动的场所；在居民居住区，保持并改善具有吸引力的景观；改善城镇周围的遗弃地和被破坏的土地；维护自然保护区；保证农业与林业等相关用地。这六个目标中有四个强调为城市居民提供优美的城市环境和娱乐用地，这也是绿化带中土地利用的主要目的。

英国对绿化带内的建设活动进行了严格的限定。绿化带中允许的建设用地包括：农业、林业、户外公共活动和娱乐活动等相关的设施建设；现存居住区的限制性扩建、变更和置换；地方规划允许的当地经济住房的供给等。

由于绿化带的严格限制，绿化带中的农地、林地和其他开敞空间不能转化为建设用地，与此同时，随着人口的增加和小规模家庭的出现，住房需求增加。因此，本区住房需求增加、房屋建筑环境和乡村土地保护对土地需求间的矛盾突出，处理好这些矛盾就成为土地利用管理的主要内容。

绿化带的发展是英国城市发展到一定阶段后普遍采取的控制城市过度增长的措施，北京城市边缘区发展是否应该实行绿化带计划，在哪些区域实行绿化带更为合适，这些都是值得研究的课题。执行绿化带政策无疑对保证城市居民的娱乐用地、塑造合理的城市空间布局和提升城市的品质及形象等都具有非常重要的作用。

四、西方国家在城市环境治理方面的共同管理思想及经验

共同管理意指自然资源管理中存在于各利益相关者之间的伙伴关系。它把"参与"的概念应用于自然资源或保护区的经营管理上，有两个或更多个社会行动者（包括原住民、政府机构、非政府组织等）参与协商、界定与确认彼此之间对管理公平的分享、应有的权利以及于指定区域中对自然资源的责任。保护区经营管理上的公众参与通常是指存在于各利益相关者间的伙伴关系，同意分享彼此间在保护区范围内资源的权力与责任及其经营管理运作。利益相关者主要包括主管部门、当地居民、资源使用者、地方政府、研究机构、相关从业者等。共同管理模式为当代提供了一个整合社会、文化、政治与环境议题的方法。不同于美国式无人公园的模式，共同管理模式允许原住民使用保护区内的自然资源，以维护他们在文化、发展、政治与心灵上的需求。共同管理对原住民而言有其意义，其中肯定他们的土地权、认可他们的财产（包括社区的拥有或是土地的使用）和他们对地方资源管理制度与执行，不仅提供咨询，还在一定程度上参与保护区管理。共同管理并无一定的规划蓝图，随着各地环境的不同而有所差异。从美国与加拿大国家公园与原住民共同管理的经验中，归纳出共同管理执行模式包含三大要点：第一是需赋予保护区内自然资源使用有法律制度上的明确性，第二是共同管理组织的建立，第三则是委员会需有充足稳定的资金来源。此外，共同管理的效益可就国家机构（如国家公园）以及地方利益相关者的获利这两个层面来讲，通过国家机构（国家公园管理单位）和地方的利益相关者的结盟可避开对资源的剥削，通过所有的团体参与协商来有效地分享管理权力。除了对机构与利益相关者资源管理能力能有所提升外，还可增加国家机构和利益相关者之间的相互信赖，增加公众对保护议题的了解。保护区的经营管理需要严肃看待与地方经济发展互动。在保护区内妥当地处理保护与当地经济发展的关系是达成保护目标最直接也最有成效的方法，就是注重当地环

境的可持续发展，将园区内的生产、生活与生态三个层面的问题妥善处理，在开发与保护之间取得适当平衡，容纳地方传统知识与力量，进而促进保护目标的达成。

而在 20 世纪 70 年代，加拿大与澳大利亚等国家公园所推行的与当地原住民"共同管理"机制（Sneed，1997），则是讲求尊重当地原住民原有的生活方式，以及国家公园与原住民之间彼此利益的分享与责任的分担。土地利用冲突现象在中西方城市发展过程中是普遍存在的，但由于中西方城市化发展阶段的不同，西方土地利用冲突研究主要集中在城市郊区，尤其是农业空间、自然保护区等在城市郊区化中所面临的城市侵占。在西方土地利用冲突的研究中，关注较多的是自然资源保护区内的开发与保护的冲突问题。

第五节 北京城市社会环境优化与可持续发展策略

一、完善政府公共服务体系

制度经济学认为，人类社会中的技术演进或制度变迁均有类似于物理学中的惯性，一旦进入某一路径，就可能对这一路径产生依赖。不同于西方国家的城市化，我国的城镇化进程植根于特殊的制度背景，由此产生了城市政府对于城市公共服务供给的单一性。从 20 世纪 70 年代末开始，我国的城镇化主要由政府主导的"自上而下"的强制型与诱致型两种模式构成，城镇化进程中政府扮演了制度的设计者、供给者、执行者与评估者的多重角色。政府主导的城镇化对于我国经济发展起到积极作用，能够在短时间内迅速推进我国城镇化进程，避免了一些发展中国家出现的城市贫困化现象。但是与此同时也存在一系列问题，城市政府对于城镇化的认识偏差导致公共服务提供的制度障碍。一些城市政府认为城镇化就是基础设施的高大上，于是制度设计中过多地关注大广场、宽马路、高立交、新地标的建设；一些城市政府认为城镇化就是城市规模的扩大，于是出现了城市"摊大饼"式扩张，开发区、工业园区、大学城的建设作为制度设计的重点。政府主导的城镇化进程中出现了公共服务供给的"制度悖论"：一方面，随着城镇化的推进，城市发展所需要的公共服务数量和质量需求不断增加；另一方面，政府财政资金过多用于建设性投入，对与公众生活息息相关的基本公共服务支出产生"挤出效应"，导致供给不足。新型城镇化战略中提出的以人为核心，全面提升城市基本公共服务的目标对于化解这一制度困境提出了新的要求。

城市边缘区政府治理转型必然包括以下两方面的内容：一是实现从农村管理体制向城市管理体制的过渡，二是实现由传统政府管理向现代公共治理模式的转型。但两者的具体内容都异常丰富和复杂。实现从农村管理体制向城市管理体制的过渡，在二元分治的宏观制度背景下，身处城市化进程中的城市边缘区必然要实现城乡行政体制的转变。

对于城市公共服务供给模式要进行制度性创新，提高城市公共服务的供给效率和服务水平。城市政府公共服务供给应当由政府主导的"单中心"供给模式转变为政府引导的"多中心"供给模式。在新型城镇化战略实施过程中，由于城市人口的不断增加，为全体居民提供基本的公共服务，并不意味着城市政府必须包揽一切。创新公共服务供给机制有助于提高城市公共服务供给效率，对更多的公共服务选择多元主体来生产和提供，建立政府与市场、社会组织以及社区的友好合作，充分构建政府、市场、社会组织和社区多位一体的供给机制。

对于社会组织应当进一步扶持，在制度层面由重管理、轻培养逐步向重培育发展转变。公共选择学派理论认为，建立多中心为特征的多元治理机制在城市公共服务领域尤为重要。由政府提供统一的无差别的公共服务极易忽略城市公众的多样化需求，因此多元主体提供的多样化的公共服务更适合新型城镇化发展的需求。在对社会组织的扶持政策中，政府购买公共服务成为一种重要的方式。目前在北京政府购买公共服务逐渐形成一种制度，尤其是在养老、社区服务等社会管理领域，政府对于社会组织的支持力度较大。例如，北京市政府每年都向社会组织购买包括养老、助残、社区服务等，通过北京市社会建设办公室和各区县社会建设办公室向社会组织购买的公共服务项目种类更加繁多。除了对社会组织进行资助性购买以外，还应当给予税收等政策上的进一步支持，逐步培养和完善社会组织，使其具备长久发展能力。同时应当通过政策引导提升城市社区自治能力，加快公共服务向社区延伸。通过社区人才队伍建设等方式，使城市社区在城市公共服务供给体系中起到重要作用。

在"多中心"供给模式中应当发挥政府主导的作用。所谓"政府主导"，是指政府在城市边缘区治理的过程中，扮演导演者的角色，必须通过有效地发挥统筹、协调、组织、服务的职能，把握治理工作的导向和发展的整体态势。具体而言，就是要求政府把握住重点村的规划发展方向、土地资源利用、政策价值取向等重大问题，政府各部门严格监督，确保拆迁、回迁和新建过程要完全公平、透明，产业预留地、各项公共设施建设等全部达标。让党的政策阳光"普照城市边缘区、惠及接合部产业、造福接合部居民"，从而推进城市边缘区地区的政治、经济、文化、社会协调健康快速发展。

同时也要发挥城市边缘区居民的积极作用。城市边缘区的居民通过政府的组织引导，充分发挥积极性、主动性和创造性，成为城市边缘区健康发展的直接参与者和受益者。其内容至少包括两方面：首先，居民是城市化发展进程中利益的享受主体；其次，居民是城市边缘区发展的行为主体。因此，要求政府在规划、拆迁、补偿安置等环节充分尊重农民的财产权、参与权和发展权，将农民塑造成利益主体、责任主体和市场主体。

二、加强城市边缘区规划管理

从技术层面上看，城市规划是人类为了在城市发展中维持公共生活的空间秩序而做的未来空间安排的意志（李德华，2001），是一种服务于城市整体利益和公共利益，为了实现一套社会、经济、环境的综合长远目标，提供未来城市空间发展的战略，并借助合法权威对城市土地使用及其变化的控制，来调整和解决城市发展复杂背景中特定问题的职业和社会活动过程，是城市管理的一种形式（张兵，1998）。从社会价值上看，城市规划是从城市环境设计等各方面研究矫治城市社会弊病的可行措施（许英，2002）。从政治经济学的角度来看，城市规划是一种社会控制或建立城市秩序的途径。社会学家曼纽尔·卡斯特尔斯（Manuel Castells）认为，城市规划的政治经济意义在于对特定社会形态之不同事物的具体运行进行政治干预，其目标是确保再生产的继续，规范非对抗性的矛盾，以保证社会形态整体中的阶级利益和城市系统的再组织，正是通过城市规划才使得占统治地位的生产方式获得结构性的再生产（张兵，1998）。地理学家大卫·哈维（David Harvey）认为，城市规划不能只根据其自身内容来认识，而必须联系整个社会的物质、社会和经济发展进程，城市规划特定的目标是消除各类容易激化的社会和集团冲突，以及由于对空间资源的垄断性所产生的地理竞争（高鉴国，2006）。

高质量、高标准地做好边缘区的规划，发挥规划的调控作用，为边缘区营造良好的物质环境。边缘区规划是一个综合性的规划。尽早制订一个包括边缘区人口、经济、社会、环境、土地利用的综合规划，对边缘区各种要素进行合理、科学的部署。边缘区的规划要做好与城市总体规划的衔接。城市规划编制理念必须创新，要突出规划所具有的前瞻性和灵活性。

近年来，北京的城市规划编制理念也在进行不断的创新，例如，更加强调了弹性控制在规划管理中的应用，避免了规划过于僵硬而难以应对众多变化的弊端。但是，除了加强规划的弹性外，仍需要在前瞻性和灵活性等方面进行不断的探索。前瞻性就是要预料到规划在实施过程中可能出现的问题并提前制订出解决方案。如在城市边缘区改造规划中提出了保留部分旧村进行新农村改造。

城市边缘区是一个动态发展的地域，它的发展往往受城市发展的控制，边缘区规划应服从于市域城镇体系规划和城市总体规划的指导。边缘区的规划要合理安排好各项建设并做好公共设施与基础设施的配套。边缘区规划要立足于本区发展需要并在生态环境容量允许范围内适度开发。边缘区的规划要突出老镇改造。位于边缘区的镇、村在城市发展过程中，往往会形成都市村庄，进而影响城市发展和形象提升。因此，边缘区规划要突出老镇改造规划，规划中要控制低档次、低密度村庄建设的范围，防止农民分散自建住房的蔓延。对于重建的住房，要根据规划合理安排，防止低档次的重复，确保开发一片，建成一片。

三、不断优化产业结构

根据《北京城市总体规划（2004—2020 年）》中对于北京经济和产业结构的规划，北京城市发展在产业结构方面，坚持以经济建设为中心，走科技含量高、资源消耗低、环境污染少、人力资源优势得到充分发挥的新型工业化道路，大力发展循环经济。坚持首都经济发展方向，依托科技、人才、信息优势，增强高新技术的先导作用，积极发展现代服务业、高新技术产业、现代制造业，不断提高首都经济的综合竞争力，促进首都经济持续快速健康发展。加快产业结构优化升级，不断扩大第三产业规模，加快服务业发展，全力提升质量和水平。深化农业结构调整，积极发展现代农业，促进农业科技进步。根据相关统计数据显示，到2014年年底，北京第三产业所占比重已经达到77.9%。

产业发展作为城市边缘区发展的动力之一，无论是产业的组织方式还是产业结构变化，都会对城市边缘区的发展产生重要的影响。城市边缘区的产业结构优化是必须重视的问题。应给予一定的政策支持和资金补助及产业布局上的倾斜。政府要调整和优化产业结构，培育新的经济增长点。在发展高新技术产业的同时，能发展一些劳动密集型的产业和为高新技术产业服务的基础产业，创造更多的就业机会，解决就业问题。促进开发区尤其是远郊开发区建设与发展，开发区的设立应当从产业结构与空间选址两方面引起重视。产业结构方面，以高新技术产业、现代服务业和生产性服务业为先导，积极完善开发区内及周边的配套服务产业，采用混合高强度土地利用和开发模式，使之逐渐形成多功能一体化的、相对独立与完善的城市空间，降低劳动力的通勤成本与服务采购成本。空间选址方面，应适度保持开发区与中心城区间的距离，避免两者形成连片式扩张，从而提高土地开发效率。

四、加强对流动人口的有效管理

加大城市边缘区流动人口社会治安综合管理。针对北京市城市边缘区流动人口的管理，要加大公安机关的管理和执法力度。建立健全流动人口协调管理机制。在坚持属地管理原则的前提下，建立区、街乡、社区立体式的协调机制。区级政府可设立城市边缘区流动人口管理协调委员会，加强政府职能部门间的协调；鼓励各乡镇、街道间建立协调机制，明确管理责任；加强区级政府职能部门与街乡之间的协调，建立统一的城市综合管理和行政执法机制。

五、不断完善公共服务

城市公共服务的不均衡会使得在城市化进程中进入城市的新移民产生被排斥感，使得一部分人被排斥在社会日常生活之外，陷入一种长期相对剥夺的困境。而且这种不均衡会通过代际传承影响到下一代的发展，从而形成社会排斥的恶性循环，影响到经济社会的可持续发展。提升公共服务的均衡性能有效改善自然环境和社会环境不利影响，同时也是弱势群体改善自身状况的可能途径。《国家新型城镇规划（2014—2020年）》明确指出："随着户籍人口与外来人口公共服务差距造成的城市内部二元结构矛盾日益凸显，主要依靠非均等化基本公共服务压低成本推动城镇化快速发展的模式不可持续。"城市新型城镇化战略要求积极稳步推进教育、就业、基本养老、基本医疗卫生、保障性住房等城镇基本公共服务覆盖全部常住人口。在今后的一段时间内，城市公共服务的均衡发展将是城市公共服务供给的重心。

应当进一步明确城市基本公共服务均等化的发展目标，城市政府应当将更多的财力和精力放在城市公共服务的供给中，制定一系列公共服务制度框架，提供完善的社会保障制度来解决城市发展所带来的社会问题，城市政府的财政制度应当更多地为城市新增劳动力提供基本的保障，维护社会平稳发展。城市政府确保基本公共服务，也就是"底线公共服务"，维护个人基本生活和发展权利，包括基本社会保障制度、义务教育制度以及医疗救助制度等。公共服务体系完善过程中，以政府作为公共物品投入主体的同时，充分发挥非政府主体的作用，走多元化的道路。鼓励私人资本进入，发挥企业和村内能人强人的作用，为公共物品的提供吸纳更广泛的资金来源，具体的提供方式有政府单独提供、"公导民办"、私人提供等，但应依据不同的主体和公共物品种类，选择相应的方式或混合方式。

六、完善社会组织建设

社会组织是独立于国家体系中的党政部门、市场体系中的企业等部门之外的公民社会部门或第三部门。现如今在世界各大城市，社会组织服务覆盖着城市社会生活的方方面面，对经济社会发展起着重要作用。在纽约、伦敦等大城市存在着扶贫济困、法律救援、医疗等服务的各类社会组织，而且扶贫救济等方面提供的服务甚至远远超过政府。在我国，伴随着城市化发展一大批新型社会组织不断涌现，如各种形式的俱乐部、联合会、沙龙、车友会等。这些社会组织不断影响着人们的社会生活，甚至影响着国家的政治生活。而在城市的社区实践中涌现出大量草根结社组织，其发展正在形成一条以积累社会资本为中心的社区建设之路。据统计，截止到2009年年底，在各级民政部门备案的城市社区社会组织已经有20多万个，形成了门类齐全、层次有别、作用明显的社区社会组织网络体系。社区社会组织已经成为我国社会组织体系中数量最为庞大的类型。

（一）加强社会组织发展的制度构建

道格拉斯·诺斯（Douglass North）认为，制度是一系列被制定出来的规则、守法程序和行为的道德伦理规范，它旨在约束追求主体福利或效用最大化的个人行为。诺斯把社会制度分为三个部分：正式规则、非正式规则以及它们实施的有效性。党的十八大报告提出，"加快形成政社分开，权责明确，依法自治的现代社会组织体制""引导社会组织健康有序发展"。这对鼓励和发展社会组织来说是重要的利好消息。"十二五"期间，民政部启动了全国性社会组织直接登记工作，19个省份开展或试行了社会组织直接登记。在鼓励社会组织发展的过程中，建立明确的制度是极其重要的。今后应当更重视对社会组织总体制度的设计，提高相关立法层次，完善相关法律体系，增强相关法律体系的操作性。

（二）完善社会组织监督体系

当前对于社会组织应当建立完善的法律监管体系。正如制度经济学家康芒斯（John R. Commons）所认为的，在现代社会经济的、法律的、伦理的三种利益协调方式中，最重要的是法律制度的作用。慈善丑闻推动政府监管制度不断强化，1992年美国联合慈善基金会被曝出丑闻后，美国政府加强了对慈善机构的监管，规定慈善机构每年填报报表，使每个公民都有权查阅报表，确保捐款用途。2007年新加坡慈善机构肾脏基金会被曝光丑闻后，新加坡政府健全了对慈善机构的监管，于2007年11月推出对慈善机构监管守则。2011年"郭美美事件"发生后，多地尝试官办社会组织去行政化。民政部发布的相关规定对于促进基金会的规范运作和增加透明度起到了一定的作用。

应当加强对于社会组织监督法律法规体系的健全，改变一直以来"重准入，轻监督"的模式。在双重管理体制下，我国政府相关部门非常重视对社会组织注册审批、业务内容与性质方面进行管制，而对社会组织的活动过程、资金使用等方面疏于监督，从而使对社会组织的监督处于真空状态。对于社会组织登记注册程序的相关法律、社会组织领导与部门的监督、社会组织财务审计制度、社会组织税收、社会组织内部管理体系等方面的法律体系应当继续增加和完善。

（三）明确政府与社会组织互补的公共服务体系

城市化进程中社会组织通过参与政府采购，加入政府公共服务体系当中，与政府的公共服务形成互补，从而完善社会公共产品的提供。一方面能够满足社会多样化的公共服务需求，另一方面对于构建"小而精"政府，建设服务型政府起到了重要作用。例如，在美国，各级政府每年向社会组织购买服务的开支达千亿美元，占社会组织运作资金的30%～40%，在北欧一些国家甚至达到60%～70%。2002年，澳大利亚社会组织受到政府100亿澳元（约合人民币600亿元）的资助。目前，我国各城市政府相继采取多种方式推行政府购买社会组织服务，社会组织获得了更多的发展机遇。今后在城市政府购买社会组织服务的过程中，不仅要增加购买力度，而且购买的领域和范围也应当不断拓宽，从而形成政府与社会组织互补的完善的公共服务体系。各城市政府对于购买社会组织评估也做出了相应安排，包括资金使用和服务评估等，这对于一些不够完善和成熟的社会组织来说也能够促进其不断提升。

（四）加强社会组织自身制度创新

制度是组织构造的结构模式。组织的效率虽然来自组织构成要素的功能，但更重要的是它还来自组织制度的结构模式，而组织制度结构模式与组织的适应程度也极其重要。这也就是说组织内部制度创新对于组织的发展极为重要，组织通过制度创新，将组织的外部约束转化为组织的自觉行动。社会组织自身的制度创新对于城市公民社会的良性发展也起到极为重要的作用。罗伯特·D.帕特南（Robert D. Putnam）在其著作《使民主运转起来——现代意大利的公民传统》中指出，社会信任、互惠规范、公民参与网络和成功合作的繁荣，在很大程度上深刻地影响着公民社会的发展，从而形成一种良性互动机制。在城市化进程中，我国社会组织要想获得更为长足的发展，必须要不断将外部环境对其约束性条件逐渐转化为自身的各种规章制度，通过规范的行动、透明的财务，将严格的管理与人性化的社会服务相结合。只有在持续的自我完善中，社会组织才能在城市化进程中担当重要责任。

七、加强城市边缘区社区自治

社区是社会学的一个基本概念，也是一个越来越普及的名词。一般认为，社区这个概念是由德国社会学家滕尼斯（Ferdinand Tönnies）最早应用到社会学的研究中。他在1887年出版了一本著作《社区与社会》（又译作《共同体与社会》）。20世纪30年代初，以费孝通为首的燕京大学社会学系的学生依照滕尼斯的原意最先使用中文"社区"一词。滕尼斯在其《社区与社会》中描述的社区是建立在血缘、地缘、情感和自然意志之上的富有人情味和认同感的传统社会生活共同体。可以看出，社区是人们生活的场所，并且在这一场所内还形成了丰富的熟人关系。社区的定义中关于地域和人们之间形成的密切的社会关系体这两层含义有时是分离的。一种情形的社区单指地域，如同中国百姓话语体系中的"小区"。同一个小区里的人们不管是否建立了密切的关系，都属于同一个社区。另一种含义是指社会关系体系，一个小规模的人群，只要人们相互熟悉，密切交往，形成了较为稳定的熟人关系，就构成了一个社区，也被译成"共同体"。英国学者鲍曼（Zygmunt Bauman）对共同体的阐释为："共同体是一个'温馨'的地方，一个温暖而又舒适的场所。它就像是一个家，在它的下面，可以遮风避雨；在共同体中，我们能够相互依赖对方。如果我们跌倒了，其他人会帮助我们重新站立起来。"[1] 2000年民政部《关于推进全国社区建设的意见》认为，社区是指聚居在一定地域范围内的人们所组成的社会生活共同体，目前我国城市社区的范围是经过社区体制改革做了规模调整的居民委员会辖区。

在我国，社区的发展是在基层需求和政府需求双方面拉动下进行的，政府自上而下的规划推动和社区自下而上需求的拉动，这两种合力促使我国社区迅速发展。由于社区在居民生活中具有重要地位，因此完善社区在城市社会风险规避中的作用机制具有十分重要的意义。

（一）加强社区资源整合机制

应该进一步加强社区的资源整合机制来规避社会风险。鉴于社会矛盾的复杂性和多样性，无论是政府还是社会，都不能单靠自己的力量化解社会矛盾。需要尽快建立政府、市场、社会协调共担的防范制度。面对不确定的社会风险，应进一步拓展社会风险共担空间，社区应当在社会风险防范与规避中起到重要作用。由于社区具有政府所赋予的行政权威，能够将社区中的各主体进行资源整合。社区内的相关资源包括社区居民、社会组织、商业机构、学校、医院等，同时能够协调相关的教育、医疗、文化、司法的资源。正常情况下，社区对社区内的相关资源具有日常的管理、维护和开发职能，因而在社会风险聚集时，社区能够快速有效地将各种资源整合起来投入风险的应对过程中去。

---

① 齐格蒙特·鲍曼. 共同体 [M]. 欧阳景根，译. 南京：江苏人民出版社，2003：32.

（二）完善社区沟通和利益表达机制

在社会转型过程中，由于管理的细化及标准化，每一责任主体所担负的职责越来越小，因此社会公众在利益表达的过程中会遇到种种困难。"即人们可以向一个又一个主管机构求助并要求它们负责，而这些机构则会为自己开脱，并说'我们与此毫无联系'，或者'我们在这个过程中只是一个次要参与者'。在这种过程中是根本无法查明该谁负责的。"① 贝克（Ulrich Beck）将此现象称为"有组织的不负责任"。他说："在第一次现代化所提出的用以明确责任和分摊费用的一切方法和手段，如今在风险全球化的情况下将导致完全相反的结果。"②

同时，在利益表达的过程中，由于社会组织的匮乏，导致社会的个体在表达自身的利益诉求时，没有特定的"代言人"和代言机构，利益表达离散化程度较高，因而利益表达的效果受到极大影响。而政府在面对分散的个体时，只能和更多的单独的个体进行磋商，增加社会互动的成本，降低问题解决的效率，从而产生一定的社会风险。当前的利益表达机制主要是两种渠道：第一是通过信访制度，第二是司法程序。这两项制度都无法满足日益多变的利益诉求的需要。孙立平认为现阶段"维稳"陷入了恶性循环，面对人民内部的冲突与矛盾，要实现真正的社会和谐与稳定，就必须转变现有的"维稳"思路，把利益表达制度化建设提到与市场经济同等重要的地位，从而实现社会的长治久安。社区可以弥补社会个体利益表达的缺陷，及时发现一些风险苗头，组织相关个体进行利益表达，通过建立畅通的利益表达机制，将相关人群的利益诉求向政府与企业和其他非营利组织进行表达，从而提高了政府解决问题的效率，也避免由于利益表达不畅采取过激行为而引发的社会风险。

（三）完善社区社会风险评估和预警机制

社会风险的形成与发生，一般通过若干变量特征而表现出来。通过这些变量可以设立预测社会风险的相关指标体系，建立风险评估和预警机制。社区是人们社会生活及社会交往的基本场所，在社区中除了居民外，还包括企业、学校、医院、商业场所等，在这里也汇集了各种社会风险。社区相对于政府和其他组织而言，对于本社区的基本情况、人口流动状况、特殊人群以及周边环境

---

① 乌尔里希·贝克，约翰内斯·威尔姆斯. 自由与资本主义：与著名社会学家乌尔里希·贝克对话［M］. 路国林，译. 杭州：浙江人民出版社，2001：143.

② 孙立平. 以利益表达制度化实现长治久安［J］. 领导者，2000（4）：32.

等有较为直观的掌握。更容易捕捉到社会风险汇集的程度，能够预测到社会风险产生的后果，可以发出相关的预警，同时能够对风险进行排查从而达到规避风险的目的。因此可以在社区设立测定相关变量指标的社会风险指示器，通过建立社会风险的评估机制，及时有效地分析社区面临的社会风险，找出社区存在的薄弱环节，有针对性地制订社区应急预案，预防和控制社会风险，从而将社会风险所带来的不确定性与损失降到最小。应当建立相关的风险评估信息，包括社区基本情况信息及风险评估；预防薄弱环节信息及风险评估；社区风险回应能力信息及风险评估；居民风险意识现状信息及风险评估等。据调查，重大突发事件的信息来源，48%是新闻媒体，23%是下级部门，22%是社会大众（投诉、举报），20%是上级领导。也就是说，越接近基层，接近人民大众，信息来得越快、越直接。以社区为基础的预警系统将社区纳入社会风险监测、评估与预警的系统中来，对于社会风险的防范与规避起到积极作用。

（四）增强社区对于特殊人群的支持机制

对于一些弱势群体存在的社会风险，社区可以提供基础的社会基金和临时创造就业机会。除此以外更多的是提供社会支持功能，因为对于一些弱势群体而言容易减少社会交往，产生不同于主流社会的价值观念，部分人过分依赖社会福利。特殊人群中的一些人过于敏感，很容易与他人发生冲突与争执，从而引发社会风险。社区可以提供一些融入社会的支持，从而缓解特殊人群的社会孤立风险，协助他们建立良好社会支持功能的社会关系网络，将涉及服务与社会救济政策一起作用于特殊人群，从而提升他们整合资源解决自身困境的社会功能，促进他们平等公平地享有社会发展的成果。例如，可以引入社区社会工作者，通过社会工作的支持，逐步缓解特殊人群的敏感和焦虑的情绪，从而规避一些社会风险。社区越来越成为人们的利益共同体，通过推进社区支持机制，分担政府与企业在社会保障方面的压力，将弱势群体的一部分社会保障问题解决在基层，扩大基层民主，缓解社会问题与社会矛盾，发挥社区的社会保障作用。

社区联合企业和社会组织可以为没有收入、刑满释放人员等社会特殊群体提供就业岗位，也可以在预防和减少青少年犯罪工作中发挥重要作用。例如，在美国佛蒙特州温努斯基市的华特社区，他们不仅会对罪犯重返计划小组提供理论、信息方面的支持，还会定期指派学生志愿者对罪犯们进行电脑等相关基础知识的培训。像社区法律协助站、志愿者协会等非营利性组织，会挑选出拥有在公共安全部门相关工作经验的成员（如退休的警察），作为重返计划实施的协助者、监督者，对刑满释放人员提供相应的帮助与监督。对于青少年犯罪而言，社区能够有效弥补家庭学校教育的不足，牵头整合家庭、学校及社会相关部门的力量，以有效预防青少年犯罪。

（五）完善社区风险教育机制

在社区开展风险教育具有较强的针对性，不同于政府部门进行风险教育存在的工作量大、成本高的问题，社区风险教育具有多样化和有针对性的特点，相对来说成本较低。因为社区人员构成相对稳定，可以最大限度降低教育需求的差异化，从而调动社区居民的积极性。社区风险教育机制中，应注重非制度性因素的影响，结合社区文化因素、社区主体心理因素，建立健全的社区风险防范机制。社区风险教育能够具有教育目标、内容、对象、形式灵活性和多样化的特点。社区风险教育能够与社区居民日常生活相联系，利用广播、电视、网络、黑板报、宣传栏等，广泛普及相关法律法规和风险防范知识，能够降低宣传成本，提高教育的效果。

（六）完善社区参与机制

社区参与自然资源管理相较于过往由上而下的精英领导模式，强调的是地方居民参与环境事务，并且积极主动地与外来资源结合。因而，应将地方居民纳入地方资源保护的行动者范畴。政府部门与居民做适当的沟通，引导居民认知到自己对自然资源和传统文化所担负的保护、维护责任，并从自然资源保护中获得经济上的实际收益。无论国内外，强调地方的参与以及尊重地方社群的主体性也成为重要的焦点。在自然资源保护过程中，当地居民是生态旅游事业及自然资源的主要经营管理者，社区参与是将自然保护与生态旅游地当地因旅游而产生的工作机会相互联结的方式之一，是结合了保护经济和社区发展的方式。因此在社区参与式的自然资源保护中，居民是整个活动的主体兼行动者。当地居民长久以来与自然共存的法则让居民拥有更多当地资源的知识，对于规划执行的持续性较高，而政府的人员与政策则随时有异动的可能。政府的权力与职责下放，不但得以获得地方的信息与知识，也可收到政治支持的效益。参与的好处是有助于加强政府单位等公共部门和民间的伙伴关系，同时也有助于做出正确的判断。按照居民参与层级而划分出社区参与的类型与梯度，认为唯有社区参与、地方知识得到认同与重视，以及地方社群拥有决策的前提下，生态保护和环境可持续的规划才有成功的可能。

（七）加强安全社区建设

北京城市边缘区的社区安全问题是城市边缘区各种复杂社会问题的综合体现，是多种因素共同作用的结果，是社会治理严重滞后经济发展的综合性表现。城市边缘区农村社区安全治理是一项党和政府的政治工程，也是维护群众利益的民心工程。安全治理不局限于社会治安稳定，而是涵盖了经济、政治、文化和社会各方面、各个领域，必须加强综合治理，坚持两手抓、两手都要硬的方针，树立系统性长期抓、抓长期的治理理念，健全完善城市边缘区农村社区安全治理建设的评价体系标准，才能实现城市边缘区农村社区的平安社区建设乃至平安北京目标。

（八）加强和完善区域协同治理

在完善城市边缘区社会环境过程中，政府在提供公共服务时，除了与私人部门、非营利组织等合作外，还可以与其他城市政府进行协作，通过建立区域合作协议，共同承担或者转移公共服务的生产职能。区域合作在世界城市发展来看都具有重要意义，西方发达国家如美国、德国等都在不同时期采用具有空间差异性的政策支持来推动特定区域的发展。我国改革开放以来，区域性发展成为带动整个国民经济发展的引擎。在公共服务供给领域，区域协同也是极为重要的。城市政府只有联手形成区域联盟，才能不断提升自身公共服务供给能力，从而提升总体竞争力。对于城市环境污染、城市基础设施完善和发展、城市社会风险防范等问题，城市政府可以通过跨区域合作提供更加合理的解决途径。跨区域公共服务中可以采取不同形式：一方面，由城市政府与周边城市政府建立联合服务契约；另一方面，建立城市政府间服务合约，某一城市政府为其他城市政府提供一定的公共服务，由获益的城市政府向提供服务的政府支付相应的费用。京津冀地区应该制定更加明确的合作领域和合作目标，不断扩展公共服务合作领域；通过制定具体的公共服务项目进行合作，明确彼此在项目合作中的责任。城市区域合作要建立完善的中央政府监督管理机制，增加相应的财政支出，调动城市区域合作的积极性，缩小城市间公共服务投入的差异性。建立完善的组织机构加强城市区域合作，使得合作尽快从制度规划进入实质性项目阶段。

第四章

京津冀一体化视角：京津冀环境风险协同治理研究

2014 年 12 月 12 日闭幕的中央经济工作会议，将"京津冀协同发展"列入 2015 年经济工作的主要任务。会议提出，优化经济发展空间格局，要完善区域政策，促进各地区协调发展、协同发展、共同发展。会议同时指出我国环境承载能力已达到或接近上限，必须顺应人民群众对良好生态环境的期待，推动形成绿色低碳循环发展新方式。京津冀协同发展破局"路线图"日趋明朗。根据 2015 年 9 月召开的京津冀协同发展领导小组第三次会议，交通、环保、产业三个重点领域将率先实现突破。

随着"京津冀协同发展"成为国家战略，京津冀都市圈面临着城市定位改变，产业转移协同优化的改变。在这一转变过程中，各类跨界环境风险也进入高发阶段，分析识别跨界环境风险将有效地保证京津冀经济一体化的进程。因此，研究"京津冀跨界环境风险识别与协同治理"会对京津冀都市圈协同合作改善环境提供借鉴。

跨界环境风险来自生态系统的整体性和传导性。所谓"跨界"，一指跨越国家之间的地理边界，如苏联的切尔诺贝利核泄漏事故，就使上海地区受到了轻度核污染；二指跨越国家内部不同行政区的地域和行政管理边界，如太湖流域就曾多次发生苏、浙两省的跨界水污染事件。本章将对京津冀地区跨界环境风险进行讨论。在具体研究过程中，从以下几方面入手。第一，京津冀跨界环境风险的现状、问题和发展趋势。第二，在实际调研和文献分析的基础上，构建管理框架模型。第三，提出京津冀跨界环境风险协同治理政策建议。从文化和制度创新入手，着力培育区域环境风险合作新文化，构建环境风险共担、环境利益共享的新型环境利益协调机制，建立和完善多主体、全过程、复合型环境风险治理的网络体系，并破解跨界环境风险合作共治在理念认知、利益结构和制度机制等方面的挑战。

第一节　国内外研究现状

随着新型工业化、新型城镇化、信息化、市场化、国际化的加速发展，中国国内一些重大安全风险越来越突出，体现出风险跨界性、影响集群性、原因复杂性、后果严重性、治理多元性或事件突发性等特点，单独依靠某种社会力量、某个区域或行业进行治理，实难为治。随着近年中央提出将京津冀一体化协同发展上升为国家战略，其涉及的重大风险治理同样具有战略性意义。作为国家首都所在区域，京津冀的安全风险问题不仅关系到居民安全，更关涉政治意义的首都安全和国家安全。与长三角、珠三角相比，京津冀更是"公权磁场"，这类跨域安全风险的发生和治理具有极强的结构性，单个省、市、区已无力解决。

一、安全风险的区域治理研究回顾及其评价

随着改革开放步伐的加快，京津冀的经济社会发展一度落后于长三角、珠三角，累积了一些社会矛盾和问题，如大气污染、资源紧缺、冲突不断等。2013—2014 年，习近平先后考察津、冀、京三地，提出"京津冀协同发展"理念，之后三地政府、学者对此进行热议研讨，并将合理建议逐步付诸政策实践。中共十八届三中全会明确提出国家治理体系和治理能力现代化理念，安全风险治理是其重要组成部分。与此同时，习近平多次提出"总体性国家安全"概念，区域安全风险治理也同样是其组成部分。因此，开展京津冀区域安全风险治理研究十分必要。

（一）治理理论的兴起与发展

治理理论的兴起，曾是政治哲学的重要贡献。20 世纪 80 年代末，随着各类社会自治组织力量不断壮大及对公共生活影响的重要性上升，理论界重新反思政府与市场、政府与社会的关系问题，并对新公共管理的局限性进行修正。世

界银行在 1989 年首提"治理危机"概念后，治理理论应运而生。它拓展了政府管治视角，逐步延伸到政治、经济、社会、文化等诸多领域，涉及经济学、公共管理学、社会学、法学等学科，进而出现了全球治理、公共治理、社会治理、法律治理、公司治理等概念。与传统行政管理理论等强调政府自上而下的管控不同，也与特别强调市民社会自我治理理论不同，治理理论一开始就强调政府、市场、社会三者共治，多元方式并举。国家治理的目的或功能不外乎经济平稳发展、政治长治久安、社会和谐进步、人民安居乐业，也即社会学创始人孔德（Auguste Comte）所希冀的"秩序"和"进步"两块基石。

（二）国外区域主义及区域治理实践与理论的成长

近些年来，国外关于区域治理的实践和研究逐渐丰富起来。如 1994 年英国设立英格兰、威尔士、北爱尔兰等九个区域政府办公室分区治理；布莱尔政府还突出地建立一个以区域政府办公室、区域发展局和区域议事厅为三大支柱的治理网络，形成新区域主义。区域治理即各地方政府、区域内非政府组织、私人部门、公民及其他利益相关者为实现最大化区域公共利益，通过谈判、协商、伙伴关系等方式对区域公共事务进行集体行动的过程。区域治理理论在组织和方式上明显强调三点：一是多元主体间的网络或网络化治理；二是强调发挥非政府组织与公民的参与性；三是注重多元弹性"协调"方式解决区域问题，特别强调各地方主体为了区域公共利益和安全，让渡一定权力，达到相互纾解矛盾冲突、促进协调发展的目的。很显然，国外关于区域重大安全风险治理实践和研究必然包含在区域治理之中，是区域治理的重要专项议题。

（三）中国学者关于区域安全风险治理研究

中国学者对于治理理论的研究起步稍晚，最初重在政治学界引介和创新。如在传统的"善政"理念基础上，积极倡导"善治"理念，直到中共十八届三中全会正式提出国家治理体系和治理能力现代化的理念。

区域治理最初是在国内经济学界得到高度关注，这与"以经济建设为中心"的时代不无关系，以至于先后在区域经济学、地理经济学等著作中得以体现，并被限定为"一种自下而上的经济运行调控模式"，这显然片面。近年来，公共管理学、社会学、法学等突破政治学、经济学的阈限，不断引介西方区域治理理论，并对地区内（某省域或某城市）、行业内（如食品、环境、煤矿、化工、治安、金融、拆迁、迁移）的安全风险治理进行了大量的实证研究，如长三角跨界环境风险治理对策研究，上海作为全球化城市可能遇到的风险及其治理探索，辽中南城市群环境风险治理对策研究，大亚湾石化园区安全风险治理对策研究等。

（四）风险社会与公共安全管理研究及发展

德国社会学家贝克、英国社会学家吉登斯（Anthony Giddens）等从现代性反思角度构建风险社会理论，拓宽了学术视野。他们认为人类已进入风险社会，后果弥散全球。其风险主要源于人的决策及其行为，是现代性的后果，是"有组织的不负责任"，因而风险防范与治理需要全球合作、复合多元主体参与和建立"世界主义政党"。

公共安全管理、公共危机管理尤其当前流行的应急管理研究，则从策略角度力图强调维护和保持人们的正常生活和生产公共秩序，以及对突发事件的应对和恢复，其实质是指政府公共权力用于公共安全的维护、保持和应对恢复。国内外从这些理论对某地区、某城市的综合安全风险或某类安全风险及其治理进行了大量的对策研究，尤其是应急管理研究。从美国学者提出的紧急事件管理的五阶段理论（预防——准备——应对——恢复——除灾），到澳大利亚、新西兰的 PPRR（预防/减灾——准备——应对——恢复），再到目前中国的应急管理体系（预案——组织——机制——平台——保障——法规），应急管理实践逐步走向深入。

二、相关研究文献的简要评价

第一，从上述研究文献看，虽然风险社会理论强调现代性反思，公共安全管理理论强调政府主导，但在如何防范和治理安全风险的问题上，几乎殊途同归于治理理论，即均认识到政府、市场、社会三者共治和多元治理方式并举的重要性。

第二，在中国，目前区域治理仍然强调政府主导，而企业或公民主动参与较弱。此外，国内学者的研究或局限于理论方法引介和创新，或局限于某一地区、某一类安全风险治理研究，而对于跨行政区划的区域综合安全风险及其治理进行系统研究的成果并不多，尤其是从社会结构角度研究安全风险成因和治理机制的成果更少。

第三，正是由于缺乏社会结构性反思和优化调整，因而在安全风险治理过程中更多偏重于治理的工具理性，导致仅仅完成指标任务、遮盖矛盾问题、负面能量蓄积等问题，反而引发新的风险；而不是从社会道义责任伦理（对生命安全的真正负责）角度即以人为本、从人的安全本质上去化解风险和保障安全。

第二节　京津冀一体化发展面临的环境治理问题分析

一、一体化发展助力环境协同治理

2015 年 12 月，国家审议通过了《京津冀协同发展规划纲要》（以下简称《纲要》），这标志着京津冀协同发展的顶层设计基本完成，京津冀一体化发展步入正式实施阶段。通过对《纲要》的仔细研读，我们不难发现，环境的协同治理是其基本要义和首要任务，以一体化发展推进环境协同治理，以环境协同治理确保和牵引一体化发展顺利实施的理念贯穿《纲要》全文。从这个意义上说，京津冀一体化发展为区域环境协同治理提供了强劲的内在动力和有效的外部支撑，主要体现在两方面。

（一）内在动力方面

环境属于公共资源，具有外部性。环境资源是公共物品，具有非排他性，这决定环境治理具有明显的整体性。在跨区域环境治理过程中，由于环境问题不受空间地域的限制，具有跨区域特性，致使环境治理的整体性被行政区域划分机械地分割，因此，无法从环境资源的整体性角度对跨区域的环境问题进行治理，这为环境治理提出了挑战，也为环境治理预期目标效果的实现制造了层层的阻力。各地方政府在环境治理的政策、法律和决策上存在明显的差异，环境治理的搭便车现象十分严重。地方政府往往从自身的利益出发，模糊处理环境治理的职责范围，以期将环境治理的成本转嫁给其他地方政府，致使环境治理无法达到预期的效果，这种现象在京津冀地区大量存在。要突破京津冀环境治理这种困局，不仅要研究环境及其治理特性，还需要寻找新的环境治理机制和模式，其中寻求三地协同的内在动力是解决问题的关键。而《纲要》站位于国家整体利益层面，将京津冀一体化发展纳入一盘棋，把环境协同治理上升为国家战略高度，特别是对京津冀三地的区域功能定位和产业布局调整做出了明确规定，有助于对这一难题的破解。

根据《纲要》，京津冀一体化发展的核心是有序疏解北京非首都功能，调整经济结构和空间布局。北京将主要发挥科技创新中心作用；天津优化发展高端装备、电子信息等先进制造业；河北积极承接首都产业功能转移和京津科技成果转化。京津冀三地的功能定位与产业布局业已明确。其中，北京作为我国的政治文化和国际交往中心，其鲜明的功能定位要求未来中长期内应进一步向周边地区转移高污染、高耗能、高耗水的"三高"产业；天津作为京津冀地区第二大核心城市，其区域优势决定需大力发展港口运输业；河北作为京津冀地区唯一一个拥有众多城市的省，其优势在于人口较多，且拥有丰富的自然资源，不仅可借力京津的政策、资金、技术等支持，而且可承接来自北京和天津的产业转移，是京津冀一体化协同发展的重要载体。

（二）外部支撑方面

正如前文所表述的那样，历史经验表明，区域间环境的协同治理首先需要实现区域间高度的一体化，打破各行政区划间行政壁垒，在理顺区域关系的基础上实现资源合理分流，在更广泛的空间内实现生产力均匀布局。京津冀环境治理建立在三地合作基础之上，三地只有在该问题上高度合作，才能达到理想效果。目前在京津冀协同发展利好政策推动下，京津冀一体化已经在三个层面实现了对接，即高层对接、部口对接和区域对接。具体如图4-1所示。第一个层面的对接为高层对接，即高层对话，对话的内容在于转变观念；第二个层面的对接是中层对接，即区域规划，该层面的责任在于通过区域规划对一体化问题进行充分论证，这需要建立在对口协调的基础上才能实现；第三个层面的对接为底层对接，也即让"一体化"的理念变成实践，通过具体的行为方式使三地之间在经济、文化等方面进行耦合，即三地通过签订合作协议等方式使一体化进入操作化阶段。

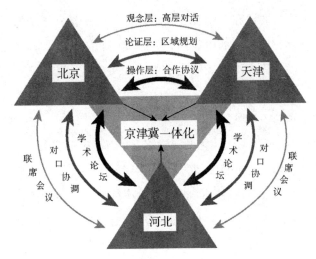

图4-1 京津冀一体化发展示意图

二、一体化发展面临的环境问题及治理现状

近年来，京津冀地区工业化、城镇化进程加速，社会经济发展取得了显著进步，尤其是京津冀一体化进程加快以来，京津冀地区的发展更加引人注目。然而，在经济社会快速发展的同时，京津冀区域性环境问题也日益突出，尤其是以雾霾为代表的大气污染问题最为严峻。

（一）京津冀地区环境存在的问题

1. 大气污染严重超标

在2014年的时候，河北等地经常出现严重的雾霾天气，被居民无奈地慨叹，自己仿佛生活在"仙境之中"，严重的时候，是人是物都无法辨别清楚，这对人们的生活、生产和学习产生了十分不良的影响。根据调查问卷显示，100%的被调查者都认同当今世界的环境遭到了严重破坏。对于雾霾的声讨，北京地区被调查者的声音总是盖过天津与河北地区的居民，92%的被调查者表示受到不同程度的影响。81%的人认为空气质量极差，迫切需要治理。在最关注的生态问题这一调查显示，居民最关注的生态问题位居前三的分别是：空气污染严重、水资源破坏以及全球气候变暖。而土地沙漠化、森林砍伐、野生动物遭受灭绝等选项比例偏低。显然，制约京津冀地区经济社会发展的首要问题就是严重的空气污染。究其原因来看，主要有以下几方面。

第一，废气产生的源头出现了一定的变化。自从 2008 年我们国家大力控制空气污染以来，京津冀区域空气污染物排放源的数量和构成等方面发生了较大的变化。其中，工业污染对大气环境的影响较大。从行业的具体分布情况来看，火电、钢铁等相关行业是河北地区主要工业排放源。

第二，空气污染越来越严重。根据相关的统计数据，在 2016 年前半年，京津冀这些地区的空气优良天数仅为 37%，而高度污染的天数达到了 16.9%，这要比全国平均水平高 11 个百分点。这里面最主要的一种污染物就是我们所熟知的 PM2.5，紧随其后的就是 PM10 以及 O_3。在这一区域的 13 个城市里面，有 12 个城市的 PM2.5 浓度严重超标；而对于 PM10 这一污染物的浓度，13 个城市都超标了。从统计数据来看，虽然这一地区的空气质量比上一年有了一定程度的改善，但是污染情况还是相对比较严重的。

随着近些年城市规模的不断扩大，城市开始连片发展，同时也导致了空气污染在向郊区蔓延。

2. 水资源匮乏严重

第一，区域内水资源严重短缺。京津冀地区，由于天然的地缘优势，区位条件优越，导致近几年人口增长过快，人口密度大幅度增加，导致区域内用水量急剧增加。而京津冀地区所在的海河流域多年水资源总量为 370 亿立方米，这里面地表水资源量一共是 216 亿立方米，地下水资源量一共 235 亿立方米，年平均降水量仅为 535 毫米，自身本就是全国水资源严重短缺的地区之一，却以占有率仅为全国 1.3% 的水资源、2.3% 土地面积养活了全国 8% 的人口，承载了全国 13%GDP 和 10% 的粮食产量，水资源供需矛盾十分突出。按其占比，人均水资源仅为 286 立方米，与国际"极度缺水标准"——500 立方米还相差甚远。其中北京市人均水资源占有量不足 300 立方米，是我国人均水资源占有量的 1/8，世界人均水资源占有量的 1/30，毗邻城市天津市年平均水资源只有每人 160 立方米，河北省每人 307 立方米。醒目的数据，实则反映着区域水资源匹配程度的严重失调。

第二，区域内水生态环境严重退化。该区域地处海河平原和河北平原之间，海河流域流经其中。因此，在该区域发展过程中，对水资源的需求主要依赖于海河流域。在利用水资源的同时也有大量污水、废水排入。之前在经济发展过程中，由于不注意环境保护，本就贫乏的水资源被过度开发，引发了一系列环境问题。区域内经济社会发展对区域水资源消耗的速度远远大于水资源的自净速度，造成了水生环境的持续退化。次居于空气污染的第二大环境问题，就是水资源破坏、水污染。51.7%的调查者反映，本区水资源均有不同程度的污染，严重时，整条流经小区的河流都是浑浊的。在河北地区，被访者还谈道，有时候还会出现几天大规模停水的状况，严重影响人们的生活。虽然近几年来，为保护该地区的生态环境，地方政府出台了一系列政策，强制关停了一批环境不达标的企业，但是仍然没有改变区域内水资源生态环境持续退化的现状。如"在河北省中南部，一些地区'有河皆干，有水皆污'，污染现象特别严重"。不仅地表水受到污染，流经平原地区的浅层地下水也受到了一定程度的污染。水源供给质量发生严重恶化，自然也就降低了饮用水的安全保证度。伴随着部分水库富营养化的出现，生态环境更是退化。

第三，区域内一体化程度不高。水资源流域的整体性与行政区划的分割性的直接矛盾，导致京津冀地区三地产业结构和布局存在严重的无序性，涉水单位水资源管理和利用没有形成统一标准和规划。其中上游企业和下游企业没有直接得到统一的管理和调度，普遍存在着上下水资源分配、保护和治理等问题。再加之，随着城市的高速集约化发展和城镇化的推进，造成对水环境和生态系统的压力，致使区域内植被格局和物种组成发生明显变化，生态系统的调节能力下降。由此，区域内水资源稀缺、污染加剧等现象的频发，严重阻碍该区经济社会发展。

3. 土地退化严重

对于京津冀这一区域，它往北和内蒙古高原接壤，往西和黄土高原接壤，往东连接渤海海域，占地面积一共是 22 万平方千米。在这一区域里面，构成要素相对比较齐全，另外还含有 640 千米长的海岸线，平原地区也达到了 7.5 万平方千米，这几乎占到了它全部面积的 35%，比全国的平均水平还要高很多。不过由于地域优势的影响，这一地区里面的人口过于密集，虽然城市占地面积不是很多，但是在这里居住的人却是不少，经济活动异常的频繁，基本上都是一些非农业类的经济活动。所以就使得这一地区的土地资源变得更加短缺，并且还存在着粗放利用这样的不良现象，可以说在使用土地这一方面还存在着很多的问题。

第一，土地资源存在着很大的浪费情况。当前城镇化的脚步明显有了加快的趋势，这就造成了城市迅速向外蔓延的情况，城镇体系在结构方面已经失去了平衡，城乡结构也受到了很大程度的破坏。特别是天津市和北京市这两大城市的用地规模扩张比较严重，从而占据了太多的发展资源，最终造成了交通拥堵以及环境污染等一些严重的问题。

第二，土地使用效率不是很高。首先，因为土地资源相对比较匮乏，这就对经济的发展产生了一定的制约作用；其次，还有闲置的土地资源和浪费现象依然存在。随着用于建设的土地盲目扩张，在滥用农用土地的同时，许多土地还没有得到充分有效的利用，造成闲置浪费。除了北京市以外，该区域其他城市都有着很高的工业用地率，这里面天津市和唐山市的工业用地率都高于30%。之所以会出现这样的情况，首先就是因为政策方面的变动，比方说，对于一些新开发的产业，最开始的时候会对其给予政策上的鼓励，在使用土地方面受到优惠政策的照顾，不过在发展的过程当中，由于政策方面出现了变动或者是自身的发展出现了一些问题，这些情况都会影响到产业的发展，从而导致经济效益出现下滑，这就在一定程度上降低了土地资源的使用效率。其次，政府为了获得更多的财政收入，就将大量的土地出售，这样就无法保证土地能够得到有效的利用，从而出现了很多荒地。

现在出现最多的一个情况就是盲目扩充土地的使用面积来增加经济发展的规模，这是一个非常恶性的发展模式，大量浪费了土地资源，导致经济发展和土地的使用出现了严重的失衡，而且对于土地的管理也变得更加困难。在进行基础设施建设的时候，就会出现用地难的问题，这样在一定程度上又加剧了土地资源紧张的情况，如此恶性循环下去，到头来还是影响经济的发展。

第三，近两年京津两地的环境污染变得更加严重了，特别是水污染现象以及地下水开采日益严重，化肥农药的使用量也严重超标，另外还存在着严重的水土流失现象，这些都对土地资源产生了非常不良的影响。

（二）京津冀地区环境治理现状

为应对日益严峻的环境问题，中央政府和京津冀各地方政府均采取了积极的应对措施，具体包括一方面是中央层面采取的措施，例如，2013年9月，国家环境保护部、国家发展和改革委员会等九部委根据国务院《大气污染防治行动计划》，制定下发了《京津冀及周边地区落实大气污染防治行动计划实施细则》。2013 年年底，京津冀及周边地区六省区市大气污染联防联控机制正式启动。另一方面是京津冀三地政府出台的环境治理规划和措施，例如，北京发布了《2013—2017 年清洁空气行动计划》和《北京市大气污染防治条例》，针对环境治理措施政策的统筹落实，北京将治理任务细化分解为 84 项重点任务并成立北京市大气污染综合治理领导小组，将环境治理重点聚焦于燃煤、机动车、工业和扬尘四大领域；天津市制订了《天津市清新空气行动方案》，针对地区环境治理，天津确定了 10 条 66 项措施、462 项任务和 2055 个项目，并将大气污染防控作为首要任务，成立了"美丽天津·一号工程"领导小组，下设"四清一绿" 5 个指挥部，此外，还将全市大气污染防控任务纳入网格化的城市管理；河北则印发了《河北省大气污染防治行动计划实施方案》，采取 50 条措施，加强大气污染综合治理力度，改善全省环境空气质量，并确定了加大工业企业治理力度，调整能源结构等 8 项重点任务，还制订发布了《河北省削减煤炭消费及压减钢铁等产能任务分解方案》《河北省治理淘汰黄标车工作方案》等文件。

经过上述努力，京津冀地区环境的协同治理具备了一定的现实基础，总结了一些联防联控的较好经验，在特定区域和时段极端雾霾天气明显改善，2008年奥运会、2014 年 APEC 会议、2015 年九三大阅兵期间北京及其周边省市空气质量的大幅度提升就是明显的例子。但是由于环境问题的跨区域性和环境资源的非排他性，决定了当前京津冀环境治理依然问题重重，总体形势不容乐观。一方面，当前京津冀地区的经济正处于一个快速发展的阶段，经济快速发展所带来的环境负外部性使该区域环境长期遭到破坏，但由于建设资源的局限性，用于环境治理以及环境执法的投入十分有限，京津冀各地区政府对于 GDP 的关注远大于对于环境的关注，这就导致了对区域环境和污染的治理缺乏内在的激进而增加了环境治理的难度。另一方面，环境治理与地方经济发展水平密切相关，京津冀地区的环境资源具有一定的分散性，三地政府在环境治理的问题上存在一定的信息不对称，因此在治理过程中会浪费一部分治理成本，导致区域环境治理的效率和效果很难令人满意。地方政府虽有各自的环境治理规划和政策措施，但相互之间缺乏交流协作，三地政府各自为政，均以自身利益为出发点，环境治理政策之间存在重叠甚至冲突，导致三地政府难以形成合力，缺乏统一的环境治理规划和政策措施。

同时，京津冀在环境治理中具有明显的政府单一主导区域环境治理模式特征，三地政府是唯一的治理主体，处于绝对的主导地位，无论是宏观政策的制定，还是微观层次的监督执行，基本上都是地方政府直接操作，地方政府、企业、社会公众在参与区域环境治理的过程中仍然是"条条"与"块块"分割、力量分散，难以形成整体的协同效应。这样的困局导致的后果，一是地方政府不仅要通过制定环境标准和环境政策，强制企业削减污染排放、进行污染治理，还要负责收集污染信息、发出削减污染的指令并对违反规定者施以处罚，导致政府权力过于集中，滋生权力寻租行为。二是地方政府面临单凭其一己之力难以将区域环境治理工作真正做好，企业没有动力参与区域环境治理，社会公众缺少参与环境治理激励的尴尬局面。

综上所述，日益严峻的环境形势和不容乐观的治理现状在京津冀地区并存，要破解京津冀环境治理困局，不仅要研究环境及其治理特性，还需寻找新的环境治理机制和模式。谋求京津冀协同发展，实现国家宏观战略意图，要首先解决环境"瓶颈"问题，这是京津冀一体化发展环境协同治理的现实逻辑出发点。

三、京津冀签署跨界环保协议现状

2015 年 10 月 16 日，天津、北京、河北环保部门签署了三个重要的"跨界环保"协议，三地环保部门将统一开展区域煤炭管理，统一区域新车和油品标准，三地还建立了跨区域环境联合执法工作制度，实现环境执法联动。

天津与北京市签署了《关于进一步加强环境保护合作的协议》，与河北省签署了《加强生态环境建设合作框架协议》，另外，三省市环保部门联合签署了《水污染突发事件联防联控机制合作协议》。记者了解到，京津冀签署了"跨界环保"协议后，根据协议，三地环保部门将统一开展区域煤炭管理，加强区域清洁能源供应保障，统一区域新车和油品标准，组织开展环渤海区域船舶污染联防联控，建立京津冀空气质量协调管理中心。

（一）水源保护

根据协议，三地将统筹考虑并合理调配海河流域水资源，全面推行节约用水，增加河流生态水量。本市将继续坚持控源截污在先，治污、修河、调水、开源多措并举，加强河道综合整治，完善污水处理基础设施，深入实施工业、生活及农业水污染源治理，推动建立水污染防治上下游联动机制和引滦生态补偿机制，共同做好流域、海域污染治理。

（二）监测体系

京津冀将建立跨界河流联合监测与会商机制，实行京津冀统一的监测网络，为改善区域环境质量提供技术支持。

三地将不断完善环境空气质量监测网，加强重污染天气预警与会商，开展精细化大气颗粒物来源解析，提升环境空气质量预报能力及结果准确性，完善水环境自动监测网，优化点位布设。

（三）联合执法

三地建立了跨区域环境联合执法工作制度，实现环境执法联动。这一协同合作是防治污染、改善环境的重要举措，三地环保部门在今后的执法中，将积极落实京津冀联合环保执法工作制度，共同推动环境污染事故应急联动。

京津冀三地还将在生态保护方面加强环保科研合作，加快优势科研机构的成果转化，今后将积极组织京津冀共同参与研究区域共性环境问题，减少针对单一城市设立研究项目的数量，避免各地重复开展工作造成人力和经费的浪费，共享环境科研成果应用带来的经济社会和环境效益，为环保决策提供技术支持。

受到环境污染加剧的压力，两个区域均较早开始进行区域环境协作尝试。早在2004年，在国家发改委主持下形成的"廊坊共识"就提出在京津冀协同发展中要联合开展区域水资源保护与合理利用、重大生态建设和环境保护项目。2006年北京市与河北省签署《北京市人民政府、河北省人民政府关于加强经济与社会发展合作备忘录》，双方将在水资源、生态环境保护等九方面展开合作。中间经历了2008年北京奥运会，围绕改善北京奥运会期间的环境质量为目标，2005年由北京市政府与环境保护部牵头组建了"北京2008年奥运会空气质量保障工作协调小组"，该机构由京津冀及周边五个省区市一起组成。

2008—2009年北京空气质量得到明显改善，但随着空气质量保障小组使命的结束，京津冀各地逐步放弃了奥运会模式，空气质量急转直下。于是在中央政府的要求和推动下，京津冀地区于2013年制定并发布了《京津冀及周边地区落实大气污染防治行动计划实施细则》，2014年2月，成立区域大气污染防治专家委员会和京津冀及周边地区大气污染防治协作小组。在贯彻 2015 年中央层面出台的《京津冀协同发展规划纲要》背景下，京津冀三地环保部门正式签署了《京津冀区域环境保护率先突破合作框架协议》，也宣告了京津冀环境合作从试探、摸索、强力推动、国家战略要求，一直走到框架协议的阶段。

2012 年之前京津冀的环境协作很少，并呈现下降趋势，但到 2013 年之后的环境协作次数却超过了长三角，在 2014 年达到 34 次之多。不过在京津冀的 71 项协作中，仅 2014 年占了接近 50%，2010—2013 年的 4 年间仅有 37 次。

由于京津冀协同发展在 2013 年上升为国家战略，并出台了针对京津冀及周边地区环境治理的文件，中央的强力推动与资源注入为其节约了交易成本，2012—2013 年期间国家密集出台的政策对京津冀环境协作产生了较大的推动力。京津冀城市群省级政府参与的合作更多，占其所有合作的 83.2%。京津冀环境治理协作受政策引导的程度较高，从已有府际协议的数据显示，京津冀城市群的府际协议中非正式协议占据 81%，正式协议占 19%。对于区域性环境治理，京津冀城市群更愿采用交易成本较低的两类合作方式，即采用简单化的行动来处理跨界环境问题。

第三节　京津冀地区生态环境治理政府合作碎片化困境分析

"碎片化"是当今社会转型期的必然产物，充斥在社会生活的方方面面，政治、经济、文化等许多领域表现都十分突出。随着网络时代的到来，"碎片化"的社会如汹涌的波涛，直观、震撼地向我们走来。

京津冀地区，作为我国政治、经济、文化发展的中心地区，无论是政策倾斜，还是建设投入，都有着得天独厚的条件。但是，随着社会、经济的飞速发展，生态环境却在不断地被破坏，甚至有越来越恶化的趋势，因此综合治理京津冀地区的生态环境，就成了三地政府亟待合作解决的问题。对于京津冀地区生态环境治理政府合作过程中产生的"碎片化"，源自缺乏整体的科学规划，不同地域、不同职能部门之间缺乏相互沟通，相互之间存在争权夺利现象，从而导致本应该是"综合治理"，却演变成了"碎片化"。这样的结果必然会对生态环境的治理工作带来极为不利的负面影响。

一、京津冀地区生态环境治理中政府合作困境的原因

（一）意识淡薄

中华人民共和国成立，特别是改革开放以来，我国经济一直在持续、平稳地发展，各地区根据中央制定的各项发展战略和要求，不遗余力地发展社会生产。但是在发展经济的过程中，各地区主要考虑的是本地区的发展，很少或者根本不考虑跨区域的综合发展，因此出现了一个地区经济得到了发展，但却造成了严重的环境污染，直接影响了别的地区的情况。比如，沿江、沿河地区，上游县市为了发展经济并增加自己的工作业绩，发展小造纸、土法炼油等工业项目，或者发展养鸡、养猪等农业养殖项目。这些发展项目虽然在短期内取得了明显的经济效益，但却严重污染了江河，对环境造成了不可估量的损害。像这样的以破坏环境为代价的发展模式，在我国许多地方都时有发生，不少地区经济的发展都普遍经历了如下的过程：发展→污染→治污→发展。

由于我国地域辽阔，长期以来形成的行政区划管理，让人们自觉不自觉地形成了封闭式发展思维模式。各地区在发展经济的过程中，导致了"各自为政"，只要对自己发展有利，只要能使地方 GDP 不断增长，不论采用什么方法措施都可以，牺牲环境就牺牲好了；只要当前经济发展形势良好，根本不考虑是否能够长远发展，缺乏前瞻意识和危机意识；只要本地区发展就行，哪管其他地区发展会否受到影响。这种整体发展观念的淡薄，导致了我国长期以来各地区经济发展的极不平衡，同时也造成了相当严重的环境污染。

经济的发展，离不开大量的资源，为了争夺有限的资源，各地区发扬"八仙过海"的作风，各显神通，比关系，砸重金……一波波的恶性竞争，为各地区的整体发展蒙上了阴影，妨碍了国家社会经济的可持续发展，一幕幕的重复建设现象，造成了大量资源的浪费，削弱了国家整体发展的潜力。

京津两地应该放低身段，利用自身比较雄厚的经济、科技力量；河北省要充分利用人力、地域和政策优势，各取所需、取长补短，才能为构建和谐发展的京津冀地区，做出积极的贡献。

（二）制度不够完善

为了科学、高效地实现生态环境的综合治理工作，必须形成一套自上而下、

保障通畅的运行机制，但在实际中，京津冀地区并没有很好地进行沟通，各地区之间仍存在不小的分歧，难以有效保证治理工作的实施。主要问题有如下几方面。

首先，缺乏合作治理的"双赢"机制。各地在治理过程中，一般都会优先考虑自身的利益，如果不能有效保障自身的利益，合作就会出现很大的"水分"，工作扯皮、权力重叠、效率低下等现象，肯定不会少，这样，合作治理就会流于形式，甚至仍然回到"各自为战"的现状。同时，由于生态环境治理属于社会性公共事务，各地政府都不会主动去治理，这是合作治理不利的一个主要因素。因此，各地应扎扎实实地做好实际调查，要充分认识本地和整个区域生态环境的现状，结合各地先进的治理方法措施，本着"因地制宜""量力而行""综合统筹"的工作思路，实现各地合作治理行动利益的最大化，既能保障各地官员的政绩，还能保证各地的经济利益，从而使合作治理的整体利益显现出来。这种"双赢"机制，能有效解决人们的思想顾虑，各地只要在整体规划下，按部就班、循序渐进、扎扎实实开展工作，一定会取得胜利。

其次，缺乏合作治理的有效沟通。当今的信息时代，造就了信息就是一种宝贵的资源，拥有了大量信息，就拥有了大量的资源优势。大到国家的大政方针、政府的发展战略，小到各地经济发展中的工作思路、部署、实施方法等，这些信息对于地方经济的发展都会产生一定的影响。在合作治理过程中，由于各地政府，相互之间缺乏沟通或者沟通不利，或者交流问题毫无利害关系，信息交流根本起不到实质性的作用。核心信息各有保留，很难达到信息资源的共享，这样的合作，只能是"两张皮"。这样的思维和做法，信息交流不畅，或者信息交流不对称，从深度意义上来看，还是一个信任与否的问题。地方政府之间缺乏信任，交流合作自然效率低下。通过调查发现，部分地区合作治理活动成效甚微，主要原因就在于信息交流不畅所引起的信任危机，因此，在京津冀地区生态环境合作治理活动中，国家要出台相关的宏观调控政策，三地省级政府协商出台整体治理工作规划，并做好后勤保障供应，各地方政府立足实际，各自尽到应有的责任和义务，真正做到资源、信息的共享，坚决杜绝"吃独食"现象。同时，各地方政府还要把合作治理工作作为一项长期的活动，不能因为官员的调整而"半途而废"，要从国家、整个区域长久发展的利益出发，遵照整体治理规划，科学、合理安排部署地方治理工作任务。

最后，缺乏合作治理的有效监管。当前，我国的城市建设已经逐渐摆脱了重污染的束缚，走上了良性发展的轨道，但是原有的污染企业、工厂，却被转移到了贫困、落后或者城市边远地区，本应该"山清水秀"的地方，却步了城市污染的后尘，于我国的整体发展而言，可谓是得不偿失。这么多年来，我国不少地区综合治理生态环境工作成效不是很大，除了地方利益驱动这一主因，还有就是地方政府的不负责任行为和上级的监管不力造成的。综合治理生态环境，任重道远，是我国政府和人民面临的艰巨任务，这项工作关乎社会主义和谐社会的建设，关乎我国社会经济的可持续发展。因此，针对生态环境治理工作，必须自上而下构建科学的监管机制。

一方面，加强生态环境保护方面的立法，制定生态环境治理专项法律法规，从国家法律的层面加以约束和监管，对于违法行为要坚决一查到底，决不姑息。另一方面，对于地方官员的考核，要与环境保护和生态建设联系起来，对于具有前瞻性眼光、整体性思路、坚持科学发展的官员要重用、大用，对于庸才、坏才官员要坚决予以清理。再有，就是要统一各地方政府的治理工作思路，建立合作协调的工作机制，实行相互交流、相互监督，坚决杜绝投机取巧的机会主义。这样一来，由国家法律保障，上级政府支持，各地政府相互监督的监管机制就形成了，对于生态环境合作治理工作，肯定能够起到积极的推动作用。

二、京津冀生态环境损害协同问责机制分析

(一) 生态环境损害协同问责机制的概念及特点

1. 生态环境损害协同问责机制的概念

环境损害是指由于环境污染导致环境要素本身受损，进而导致人类身体健康、公私财物等受到损害的现象。问责是相关主体就其承担的责任和义务的履行情况承担否定性后果的行为活动。机制从词源上译为机器的构造和动作原理，从社会角度上译为社会现象各部分间的关系及运行方式。

总之，生态环境损害协同问责机制是指跨区域多元生态问责主体在相互协商信任的基础上，充分发挥各自的优势，把问责的组织机构、问责的法律规范、问责的程序方法及问责体系的其他组成部分等有机联系起来，制定一套切实可行、能够有效监督问责客体的激励、约束、保障机制，使问责客体就其环境失

范行为做出解释并接受失责行为的惩罚，避免分散无序问责，促进整体效用最大化的运行机制。

2. 生态环境损害协同问责机制的特点

协同问责不同于传统问责，其协同性强、整合力量大，其独特性体现在三方面。一是问责效用大，强调跨区域多元问责主体在相互协商、共同信任的基础上，运用独特优势和整体优势，发挥问责功能。二是统一性，跨区域多元问责主体通过制定统一的问责标准、问责方式、问责程序，实现多种问责资源整合。三是联动性，协同问责要求多元问责主体环境信息共享，横向实现互联，纵向实现互通，达成生态环境利益增长的问责目标。

（二）现行京津冀生态环境损害协同问责机制存在的问题

1. 问责秩序混乱

当前京津冀生态环境损害协同问责机制秩序混乱，呈现出问责力量分散、多头问责等特点。例如，对于跨区域生态环境污染问题，京津冀各层级环境保护部门都负有环境监管责任，海洋、水利、农业等相关部门同样也负有环境监管责任。在此种情况下，相关部门环境责任不清，生态问责主体之间存在层级交错、权责重叠等现象，交叉不清的权责关系致使问责秩序混乱。

2. 问责资源分散

京津冀三地区的经济发展不平衡，部分生态问责主体受地方政府利益最大化的驱使，往往不公开甚至故意隐藏环境信息，造成信息资源浪费，增加了生态问责难度。此外，出于自利的驱动，问责主体问责的首要目的是维护自身利益，造成人力、物力、财力等问责资源的严重浪费。

3. 问责范围狭窄

京津冀分属于不同行政区域，无行政隶属关系，却具有相似的区位特征。京津冀地区执行典型的属地管理模式，各地区政府侧重对区域内环境问题实施监管，经常出现"各管各的事、各问各的责"的现象。对于跨区域环境事务，各地方主体很少采取跨区域的联合行动，问责范围狭窄，跨区域的协同问责还没有形成。

4. 问责效果不佳

长期以来，京津冀地区遵循服务首都的原则，导致北京与津冀实质上存在隶属关系。很多环境污染项目转移到了河北地区，然而问责主体着重对河北地方政府问责，轻视对其他地区政府问责。另外，问责地方化现象突出，一些问责主体在多个环节上对外地问责主体设置程序障碍，采用各种手段维护本地利益，出现地方主义至上、徇私舞弊等现象。

（三）京津冀生态环境损害协同问责运行机制建构

运行机制是指系统事物在正常运行过程当中，各要素之间彼此依存，相互结合及它们之间的相互关系及运行方式，包括实体性机制和程序性机制。

1. 实体性机制建构

实体性机制是指规定问责的领导、组织和处置机制的配置，确定各种问责情形、责任体系、问责主体的问责权利和问责方式等。包括领导机制、组织机制、回应机制、救济机制。

（1）建构明确的协同问责领导机制

领导机制通常要厘清问责事务的主要负责机构、领导权限和责任划分等情况。一方面，要建立协同问责领导机构，考虑在京津冀协同发展领导小组下设京津冀环境保护协同问责委员会，该委员会独立于京津冀地方政府，负责综合性指导和协调责任。另外，在京津冀各地方的协同发展领导小组办公室设立地方环境保护协同问责委员会，作为地方生态环境问责事务的最高领导机关，对京津冀环境保护协同问责委员会负责，双方形成良好的行政隶属关系和协作关系。另一方面，建立严格和清晰的岗位责任制，明确领导权责义务。

（2）建构有效的协同问责组织机制

协同问责组织机制是指多元化的问责组织相互联系、相互协调，为了实现共同目的而建立的具有明确权责关系的组织间的规则、规范。2016年3月，"十三五"规划提出"实行省以下环保机构监测监察执法垂直管理制度，探索建立跨地区环保机构"。

鉴于此，京津冀可考虑推行省以下环境保护问责组织的垂直管理体制，各市环境保护问责组织成为省环境保护问责组织的直属机构，实行省环境保护问责组织和市级双重管理并以省环境保护问责组织为主的管理方式。

（3）建构畅通的协同问责回应机制

协同问责回应机制是指多元问责主体（主要是指直接实施生态问责领导与

调查的相关部门）对问责过程中社会公众的质询做出及时有效的回应过程，是社会公众与问责主体监督、回应的互动过程，也就是问责主体以回应作为其内在运行机制的行政过程。具体来说，一要深化协同问责制度建设，完善问责回应程序；二要促进生态问责信息公开，优化问责回应环境；三是建立与社会公众平等对话的互动平台，及时对公众的质疑做出解释。

（4）建构合理的协同问责救济机制

问责救济机制，是对问责对象和问责嫌疑人合法权益的保护机制。协同问责救济机制强调因为问责不公而导致跨区域问责官员的合法权益及环境损害对象利益受损，从而采取合理补救方式，维护受害人的保护机制。建构京津冀生态环境损害协同问责救济需要从制度上和救济上做出完善。在制度上，健全协同问责救济法律法规并完善具体内容；在救济上，加强对问责官员的权力救济，拓宽问责官员的利益表达渠道，赋予正当的陈述和申辩权利。也要加强对环境损害对象的利益补偿。运用资金、政策、实物等多元生态补偿方式，合理弥补受损对象的经济利益。

2. 程序性机制建构

程序性机制规定问责主体进行问责的程序环节和问责对象请求救济的程序途径等。程序性机制的主要内容是指协同问责程序包含哪些环节及其相互关系。生态环境损害协同问责的程序分为四个环节：预防环节、启动环节、主体环节、回溯环节，整个问责程序中应当广泛引入社会公众参与，将回应机制贯穿始终。

（1）预防环节：生态责任失范行为预防

对责任主体的环境失范行为进行预防是协同问责程序启动前的必要准备环节。环境影响评价机制是这一环节的代表性机制，发挥事前预防功效，由协同问责组织机构对环境建设项目进行环评，公众发挥监督作用。环境影响评价是指对规划和建设项目可能造成的影响进行分析、预测和评估，提出预防措施并进行跟踪监测的方法与制度。

（2）启动环节：生态责任审查

在环评结束后，相关问责主体已掌握大量问责信息，需要根据规定由领导机关确定是否启动问责程序，若需启动问责程序，则要对相关责任主体展开审查，由协同问责组织机构负责，社会公众参与其中，环境审计机制是这一环节的代表性机制。环境审计是指国家审计机关、内部审计机构和社会审计组织依据环境审计准则对被审计单位的环境责任的履行情况进行鉴证。针对京津冀环境审计的特色，探索建立横向和纵向协商、合作的联动模式。

（3）主体环节：生态责任追究

通过环境责任审查确定责任主体，进入协同问责的主体环节。责任追究机制是这一环节的代表性机制，可建构一套横向和纵向相互配合的责任追究机制。

生态责任追究的横向联合体现在京津冀各地区政府要广泛接受内部问责主体和外部问责主体的联合问责。各主体之间应分工配合、相互协作，内部问责主体为外部问责主体提供权威性问责渠道，外部问责主体则广泛团结各方问责力量。

纵向联动应当在明晰京津冀各地方政府、地方政府各部门之间环境责任的前提下进行追究。体现在统一规范、统一领导、协商合作三方面。统一规范要求各层级问责主体制定统一的问责规范，并依据统一规范展开问责实践。统一领导要求问责主体在协同问责机构的领导下，上下各层级统一展开责任追究。协商合作则要求问责主体对于责任追究意见不统一的情况进行沟通协商。

（4）回溯环节：问责失范救济

受多种因素的影响，协同问责过程中难免出现偏差和失误，需要对问责过程进行回溯，发现问责失范行为并对其纠正，合理救济问责官员和环境损害对象。环境公益诉讼机制发挥救济作用，是重要的事后保障机制。环境公益诉讼是指任何公民、法人、社会团体或国家机关为维护环境公益都有权对行政机关、法人、其他组织或者个人的环境失范行为向法院提起诉讼的制度。

第四节　京津冀环境监测法律制度协同中存在的问题

环境监测作为环境监测管理的生命线，始终受到京津冀三地的高度重视和热切关注。在三地环境政策、法律制度推进的过程中，三地在环境监测政策法律中的差异和冲突，使得京津冀区域不能在环境监测上协同，具体来说有以下几方面问题。

一、京津冀环境监测政策法律制度建设总体情况有差异

众所周知，地方在进行环境监测工作中，除了《环境保护法》和其他相关单行法的规定外，各级政府及环境保护主管部门制定的法规规章及规范性文件是其赖以遵循的重要依据。三地在整体法律制度体系构建上存在差异。根据三地环境保护主管部门的门户网站显示及三地立法备案的多寡来看：北京的体系最为完备，河北次之，天津最少。北京市出台了《北京市环境监测管理办法（试行）》（2009年11月施行）、《北京市环境监测专业服务收费暂行规定实施细则》（1989年12月颁布）、《北京市环境监测专业服务收费暂行标准及说明》（1989年12月颁布）、《北京市大气污染源自动监控设备管理规定（试行）》（2007年3月施行）、《北京市社会化环境监测机构能力认定管理办法（试行）》（2009年11月施行）、《北京市社会化环境监测机构能力认定申办指南》（2011年5月颁布）、《北京市"十二五"主要污染物总量减排监测办法》（京环发〔2013〕77号）、《北京市固定污染源自动监控管理办法》（2015年1月施行）、《北京市区县环境监测人员持证上岗考核办法》（京环办〔2015〕57号）、《北京市环境保护局对举报环境违法行为实行奖励有关规定（暂行）》（2016年4月施行）等十项地方规章和规范性文件及配套规定对环境监测进行专门规制。河北省制定了《河北省环境监测管理办法》（2002年施行）、《河北省环境监测质量管理实施细则》（冀环测〔2011〕352号）、《河北省环境监测人员持证上岗考核办法》（冀环测〔2011〕354号）等政策法律文件对环境监测工作进一步规范。而天津市则除按照环境保护部颁布的《环境监测管理办法》（2007年施行）及相关规定执行外，并无其他地方性的专门规定。对比三地执行的《环境监测管理办法》，可以看出其在对环境监测管理的具体内容上存在差异。河北省政府制定出台的《河北省环境监测管理办法》共24条，分别从环境监测对象、管理体制、监测网络、监测数据及报告、违法责任等方面做出专门规定。《北京市环境监测管理办法（试行）》则规定了环境监测的适用范围、机构与职责、监测活动与监测管理等内容。综合上述分析可知，三地的环境监测管理办法颁布时间较早，具有明显的滞后性，不能适应现阶段的环境监测发展，一些环境要素方面的环境监测规制也十分笼统，指向性不足，这就为三地环境监测的协同发展造成一定困难。同时，三地没有一部统一的、区域性的、专门的环境监测法

律法规，且环境监测法律地位不明确，法律支撑体系不健全，监测管理依法行政的法律基础不牢。

二、京津冀环境监测政策法律制度具体内容不一致

（一）主体制度规定及改革进展不同步

京津冀三地环境监测主体制度的改革发展及构建存在规制不一的情况。

首先，三地环境监测主体制度改革进展程度不同。当前我国在环境监测领域进行了两项改革，一是环境监测服务社会化，二是省级以下环境监测检察机构的垂直管理。京津冀三地在这两项改革中的进展情况和程度不同步。

在环境监测服务社会化方面，北京市的改革先行一步。先后出台了多项关于环境监测服务社会化的规范性文件，并公布了北京市国控企业自行监测信息公开网址和名单，实现信息公开以便公民参与。因此，北京市正在建立起以政府有关部门所属的环境监测机构为主，委托社会监测机构提供监测服务为辅，排污单位污染源自行监测或吸收社会监测机构参与排污单位污染源自行监测、环境损害评估监测、环境影响评价现状监测、清洁生产审核、企事业单位自主调查等环境监测活动为补充的环境监测主体格局。河北省出台了《河北省环境污染第三方治理管理办法》（冀政办字〔2016〕150 号），并规定了在大气、水环境质量监测设施建设、运营的环境公共服务领域和工业园区的环境监测领域鼓励开展第三方治理，建立环境污染第三方治理机构"黑名单"制度，将对环境监测数据弄虚作假的情况进行严惩，同时开展了对国有控股企业自行监测名单公布和信息公开的实践。这表明河北也开始向环境监测多主体、多元化迈进。具体到天津市，则根据其出台的《大气污染防治条例》来看，天津在大气方面已经开始了政府、社会监测机构、排污企业等多元化主体的模式。因此，在环境监测服务社会化的改革进程中北京走在了三地前列，河北省次之，天津最后。

在省级以下环境监测监察机构垂直管理方面三地进程也不一致。长期以来，我国划分环境监测范围是严格按照行政区域进行的，这种以"块"为主的监测模式带来的直接后果就是环境监测行为"各自为战"的行政化，同时阻滞了环境监测主体的多元化，影响了社会环境监测机构发挥作用，不利于环境监测市场的良性发展。2016 年 9 月中共中央办公厅、国务院办公厅印发了《关于省以

下环保机构监测监察执法垂直管理制度改革试点工作的指导意见》后，全国进入了环境监测监察执法管理的探索、试点改革时期。京津冀三地中河北省率先提出了改革试点申请，在环境保护部、中央编办同意了《河北省环保机构监测监察执法垂直管理制度改革实施方案》后，河北省 2017 年 1 月又出台了《河北省环保机构监测监察执法垂直管理制度改革人员上划工作方案》，其主要任务为组建 11 个省驻市环境监测中心，跨区域设立 6 个环境监察专员办公室。省驻市环境监测中心完成 468 名工作人员的划转，环境监察专员办公室完成 120 名人员中 72 名工作人员的遴选，通过这种方式来推进环境监测"事权清晰"的进程。由此观之，对比京津两地，河北省在"垂直管理"改革中发挥了试点示范的关键作用。

其次，三地在环境监测管理主体上的规制不一。前文已经提到，我国在环境监测管理方面长期实行单一管理体制，即由政府有关部门所属的环境监测机构为主，辅之以其他相关职能部门统一开展环境监测工作，其本身就自带有职能部门之间的矛盾与冲突。在不同职能部门之间环境监测职责既存在交叉又存在断裂。例如，环保部门对地表水的质量监测就与水利部门对水质的监测产生交叉。再如，环保部门和卫生部门都对饮用水具有监测义务，但卫生部门对于普通人群的环境健康风险及其干预没有确定的职责分工。在环保部门，污染防治的工作目标和优先领域设置也没有以保障人体健康为核心。这样的问题也存在于京津冀三地中。根据三地分别制定的《环境监测管理办法》可以看出，三地在法律规定上主体制度的不一。《北京市环境监测管理办法（试行）》中将环境保护行政主管部门直属从事本行政区域环境监测工作的事业单位，即北京市内隶属于环保部门的环境监测中心作为环境监测的主体。而《河北省环境监测管理办法》除了对隶属于环保部门的环境监测机构进行了规定外，还规定了"县级以上人民政府农业、水利、国土资源等有关行政主管部门和军队以及企事业单位，按照各自的职责，组织实施本系统和本单位的环境监测工作，并接受环境保护行政主管部门的业务指导和监督"。天津市按照我国统一执行的《环境监测管理办法》来实施，即其主体为县级以上环境保护部门及其环境监测机构。这就可以看出环境监测主体在京津冀的差别。

最后，三地环境监测人员规模、结构、资格不同。根据对三地环境监测中心官方网站公布的信息来看，三地中环境监测人员规模配备上天津市最完备，北京次之，河北最后。按照地域面积与监测人员数量比来看，河北省环境监测人才的匮乏，势必对三地环境监测能力的协同发展起到一定制约作用。同时京津冀三地在法律上对环境监测人员的资格认定不同，也会拉大三地环境监测人才的素质水平和监测力量的悬殊对比。

具体来说，京冀以其各自制定的《环境监测人员持证上岗考核制度》为依据，而天津市则以环保部的规定为准。从而使三地在组织考核机构及其职责、考核内容和方式、合格证管理等方面形成差异。在考核机构上，北京市由市环保局委托市级环境监测机构负责编制考核方案及备案、组织考核、审核考核报告、制发合格证。各区县环境监测机构负责开展本单位持证上岗自考、岗前培训，按照每个监测项目不少于两人持证上岗的原则组织考核。河北省则由环境保护厅统一监督管理，通过建立考核专家库，现场考核前进行监测能力自考认定和培训。天津市依据环保部制定的分级管理制对监测人员进行考核。

在考核内容上，河北省将基础理论的考核分为基础知识及基本操作、项目理论两个部分，又将项目理论细分为综合技术人员、监测分析人员、质量管理人员进行考核。其考核内容具有先后顺序，参加考核的监测人员只有通过基础知识及基本操作的考核后方能进行项目理论和样品分析的考核。而京津两地则均按照国家要求对基础理论、基本技能、样品分析进行考核，而无考核的先后顺序，也不因监测人员的业务类型不同而进行分类。

在考核方式上，河北省规定由 3~5 人组成考核组，现场考核以 2~3 天为宜，基础理论以不完全闭卷考试的形式，合格线为 70 分的方式进行考核。河北省规定的以采取百分制闭卷为原则，对 50 周岁以上男性，45 周岁以上女性，且连续从事监测工作满 10 年及以上的人员申请开卷考试为辅助方式，与之相左的是，京津两地均按照国家规定采取了闭卷考试的方式。

在合格证管理上，三地合格证的有效期、监督方式、违法责任均不相同。三地均规定合格证的有效期为 5 年，但河北省还规定了在合格证有效期内进行检查且期满后重新申请颁发证书的规定。北京市将合格证的监督方式笼统规定为抽查方式，河北省则规定了"现场查看报告、发密码考核样、进行操作演示"等多种抽查方式，天津市则采取国家规定。三地在合格证违法行为的处罚上规定了不同情形。河北省规定了违法处罚的三种程度：扣证 3~6 个月、取消资格、撤销，而京津则只规定了取消资格和收回合格证并注销两种情形。处罚程度的轻重不同势必会制约京津冀三地环境监测人才的流通和统一监测市场的建立发展。

京津冀三地在环境监测主体上，呈现出主体改革发展进程有先后、监测机构及职能交叉断裂并存、监测人员数量多寡分布不均衡、高素质人才匮乏、资格认定管理规定不统一的现状，这不仅会造成三地环境监测主体上良莠不齐、监测能力参差不一的现象，也将对构建协调统一和谐的环境监测市场起到阻碍作用，不利于三地在政策法律方面进行环境监测工作的协同。

（二）环境监测对象及其涵盖范围不协同

目前京津冀三地在大气、水、声等领域形成了具有较强监测能力且比较成熟的监测体系。但在土壤、生态、生物、光热污染、核与辐射等领域监测体系依然不健全，监测能力仍需进一步提高。根据三地环境监测中心公布的数据来看，三地监测对象类别、监测能力、监测范围上呈现较大差距。总体来说天津市最全面，北京市次之，河北省则仅有概括性规定。此外三地监测对象的侧重性有所不同。根据三地各行政区范围内的具体情况不同，北京市将电磁辐射作为专项列出，天津市则因临海的原因对海洋和水系沉积物、生物体残留、煤质油气等内容加以高度关注。

京津冀环境监测对象的现实差异性反映出三地在环境保护立法状况不一的特征。三地均出台了各自的《大气污染防治条例》《水污染防治条例》和《水土保持办法》来规制三地的大气、水等方面的监测工作，而在土壤、生物方面三地则均未进行规制，其他环境要素，如辐射、海洋、固体废弃物、动植物等方面，则是在其中一个或两个地区进行了地方立法。三地环境监测对象范围最直观的反映就是在三地制定的《环境监测管理办法》中，《河北省环境管理办法》中具体规定了质量监测和污染源监测的内容。而遵循环保部规定的天津市和《北京市环境监测管理办法（试行）》，则都只概括性地规定了环境监测的对象和范围，即是对环境质量、污染源、突发环境事件、环境状况调查和评价等进行监测。

综观三地环境监测方面的法规、规章、政策，均未对环境污染事故监测和环境污染纠纷仲裁监测这样强制监测义务进行特别规定。《最高人民法院最高人民检察院关于办理环境污染刑事案件使用法律若干问题的解释》（2017年1月施行）中增加了对环境监测的有关违法行为的处罚。从两高司法解释的出台可以看出对环境监测方面的违法犯罪行为和环境纠纷问题的重点规制和严肃对待。基于此对于环境纠纷中的监测义务就更应当注意。环境监测数据作为诉讼中的重要证据，是判断污染源程度、范围以及解决环境污染纠纷的核心环节。然而京津冀范围乃至我国整体上均未对环境纠纷的强制监测义务的权利主体、监测内容、责任承担等方面进行规制，这就会使得环境监测在环境污染纠纷仲裁和评估上出现明显的不足，影响对违法行为的处罚结果。

随着京津冀区域一体化态势的加强，跨区域污染越来越严重，而在三地的法律规制中并未有对跨区域环境监测的具体规定，这就造成了三地在大范围、宏观生态环境监测和区域生态环境综合分析能力上的式微，尽管京津冀三地均贯彻执行了国家的国省市县四级监测制度，但是不难发现在农村的环境监测体系依然停滞不前，呈现出未建立的状态，这就使得环境监测公共服务的能力参差不齐。

京津冀三地在环境监测对象、范围中的差异，导致京津冀三地在环境监测协作上难以全面地知悉环境质量状况，加之三地"一亩三分地"的形势，就会影响三地对新型环境问题进行环境监测研究的探索，使对新型环境问题进行监测的法律规制滞后。

（三）环境监测标准及技术规范不统一

环境标准分为国家标准（GB）、地方标准（DB）和行业标准（环境保护部标准，HJ）。国家标准分为国家环境质量标准、国家污染物排放标准、国家环境监测方法标准、国家环境标准样品标准和国家环境基础标准。地方标准分为地方环境质量标准和地方污染物排放标准。国家行业标准包括分析方法标准、监测技术规范、指南、导则、环境标志产品技术要求等。根据《国家环境保护标准"十三五"发展规划》（征求意见稿）中的公布：截止到"十二五"末期，现行的国家标准共有 1697 项。环境监测分析方法是规范对环境质量和污染物排放分析测试、数据处理的统一规定。环境监测技术规范是各环境要素监测所配套规定的统一监测技术、监测方法和评价方式。目前我国有 440 种监测分析方法标准和 123 个技术规范类文件。

通过以上数据，可以发现我国在环境监测标准方面十分重视，数量极其庞大，且对大气和水的环境标准最为完备，不仅在大气和水方面的监测标准最多，而且对其污染物排放标准制定也最多。根据资料显示，涉及大气污染物排放标准74项，控制项目120项，水污染物排放标准64项，控制项目158项，占总环境污染物排放标准的87%。由于质量标准、污染物排放标准与环境监测标准、环境各类要素的监测技术规范上数量的悬殊，就可推知质量标准、污染物排放标准与环境监测标准配套性不强，部分环境要素标准制定修订进展落后，同时也能表明我国环境监测标准中在各要素上发展的不平衡。

这样的问题也同样鲜明地反映在了京津冀区域上。根据环保部发布的《关于发布地方环境质量标准和污染物排放标准备案信息的公告》，截止到2015年12月31日，京津冀三地符合备案要求的地方标准共52项，其中北京市地方标准30项，河北省地方标准14项，天津市地方标准8项。这些标准中三地针对相同污染要素而制定的地方标准数量较少，且对比相同的污染要素制定的地方标准，有关监测部分的规定也不尽相同。例如，对比《北京市锅炉大气污染物排放标准》和《天津市锅炉大气污染物排放标准》可以发现在环境监测方面规定的诸多不同。一是《北京市锅炉大气污染物排放标准》中规定了烟气监测孔和采样平台的设置，应当按照DB 11/1196的规定来设置永久性烟气采样口和采样平台，而在《天津市锅炉大气污染物排放标准》中未做规定。二是《天津市锅炉大气污染物排放标准》较为笼统地规定了监测方法，要求按照GB 5468和GB/T 16157的规定执行。而《北京市锅炉大气污染物排放标准》锅炉大气污染物的监测分析方法则规定十分详细，规定了大气污染物的采样方法和监测分析方法。采样方法除按照GB 5468和GB/T 16157的规定执行外，还要严格遵守HJ/T 397和HJ/T 55的规定；监测分析方法则对颗粒物、二氧化硫、氮氧化物等具体项目做了具体规定。三是二者的浓度折算方法不同。《北京市锅炉大气污染物排放标准》中是以基准含氧量为基础数值进行折算的，并且按照不同锅炉类型的不同浓度项目分别以不同的含氧量百分比进行计算，而《天津市锅炉大气污染物排放标准》则是以过量空气系数来折算的，针对不同锅炉类别以不同的过量空气系数来计算。四是《北京市锅炉大气污染物排放标准》在规定了氮氧化物浓度换算以外，还对二氧化硫的浓度进行了换算，而《天津市锅炉大气污染物排放标准》则没有对此规定。

再例如，通过对比《天津市工业炉窑大气污染物排放标准》和《河北省工业炉窑大气污染物排放标准》中的监测部分，可以发现津冀二地在大气污染物监测分析方法中的项目多少规定不同。《天津市工业炉窑大气污染物排放标准》中仅对颗粒物、二氧化硫、氮氧化物、烟气黑度进行了要求，而《河北省工业炉窑大气污染物排放标准》除了上述四项外还有沥青油烟、氟化物、铍及其化合物、铅、汞等多项内容。

通过这些对比可知，京津冀三地在环境质量日常监测、污染物排放监督性监测的数据等信息共享程度不够，在某些环境要素环境标准规制领域存在环境监测指标不协同，对国家制定的环境污染重点工作的支撑配套不健全，导致环境监测标准缺乏有力的数据作为支撑，从而制约了三地环境监测制度的协同发展。

（四）环境监测程序内容规定不完善

环境监测业务的开展遵照一定的环境监测程序。我国目前环境监测程序主要包括六个环节，即现场调查与资料收集、确定监测项目、确定监测点布置及采样时间和方式、选择和确定环境样品的保存方法、环境样品的分析测试和数据处理与结果上报。但法律意义上的环境监测程序应当不仅仅包括环境监测的业务程序，还包括了对其基层监测用房、实验室、监测仪器设备和监测车辆、环境监测及评价收费等配套设施和管理的相关规定。国家为了规范环境监测程序发布了《环境监测质量管理规定》（2006 年）、《环境质量监测点位管理办法》（2011 年）、《关于规范环境监测与评估收费有关事项的通知》（环办监测函〔2016〕1493 号）、《国家环境空气质量监测网城市站运行管理实施细则（试行）》（环办监测函〔2017〕290 号）、《国家环境空气质量监测网城市站自动监测仪器关键技术参数管理规定（试行）》（环办监测函〔2017〕289 号）等部门规章和规范性文件。具体到京津冀三地，通过对三地有关法规规章和规范性文件的考察，三地对环境监测程序的规定均较为笼统。仅河北省出台了《河北省环境监测质量管理实施细则》（冀环测〔2011〕352 号）、《河北省环境保护厅环境信息公开管理办法（试行）》（2013 年）等文件来规范环境监测程序，而京津两地均执行国家规定。《河北省环境监测质量管理实施细则》中从监测机构及监测人员的职责及其应具备的资质、环境监测布点、采样、现场测试、样品制备、分析测试、数据评价、综合报告、数据传输等工作内容进行了规范，并制定了相应的违法处罚措施与之配套。但其中对程序各个环节的具体内容并没有详细规制。京津两地虽并未出台本区域的实施细则，但根据两地分别制定的《大气污染防治条例》可窥一斑。例如，《北京市大气污染防治条例》中对监测点位、采样平台、自动监控设备做了简要的概括性规定，《天津市大气污染防治条例》则对监测的方式进行了多种规定。

在环境监测配套设施和收费管理上，京津冀三地均未出台关于基层监测用房、实验室、监测车辆等的详细规定，在环境监测和评价收费问题上仅能考察到北京市1989年颁布的《北京市环境监测专业服务收费暂行标准及说明》。基于此，京津冀三地在环境监测程序上缺乏统一的规划和有效的沟通；行政区域内、城乡间环境监测能力差异大；三地在监测点位设置上和监测指标上的模糊和不一致，使得其合理性有待进一步探究和考量。同时，三地立法中，并未对基层监测用房、实验室、监测仪器设备和监测车辆等相关内容进行详细规定，这在一定程度上会出现三地基层监测用房状态不一致，三地之间环境监测实验室水平参差不齐，监测仪器设备和监测车辆配套完备充足情况不一致的问题。

（五）环境监测信息公布和使用不一致

环境监测的最终目标就在于能够提供及时、真实、全面、有效的监测数据。以京津冀三地的《大气污染防治条例》为例进行对比，京津冀三地环境监测信息方面存在一定差异。

（1）环境监测数据保存要求不一。《北京市大气污染防治条例》针对大气环境监测的有效数据进行了规定，要求保存时间最低五年。《天津市大气污染防治条例》则针对大气环境的原始记录进行规定，要求保存大气监测的原始数据至少三年，同时建立数据档案进行保存管理。而河北省则并无保存方式和保存时限的具体规定。

（2）环境监测数据信息共享情况不同。《北京市大气污染防治条例》在三地联防联控中规定，当出现重大监测信息时方进行监测信息共享。《河北省大气污染防治条例》要求的是仅将区域预警联动和监测时的信息进行共享，天津市在三地联防联控中未做具体规定。据此，京津冀三地在区域联合进行污染控制中对环境监测信息的侧重点不同，同时也反映出三地在环境监测信息发布和使用上并无具体可操作性规定。

环境监测信息的发布和使用是为了服务于人民群众，公众的有效参与对环境信息的发布和使用起到了监督督促作用。而在这一方面，京津冀三地中河北省走在了前端。2015年1月起河北省施行了《河北省环境保护公众参与条例》，对环境监测中的公众参与部分进行了较为全面的规定，从环境监测信息的发布到法律责任的承担均规定公众参与的范围、途径及保障措施。此外，三地为了激励公众有效参与到环境保护事务中，各自分别出台了《河北省环境污染举报奖励办法》（2014年4月施行）、《天津市环境违法行为有奖举报暂行办法》（2015年1月施行）、《北京市环境保护局对举报环境违法行为实行奖励有关规定（暂行）》（2016年4月施行）。但仅北京市的环境违法行为有奖举报规定中对公众举报违法发布环境监测信息及数据、伪造监测数据的情况进行不同金额奖励的规定。

综上，京津冀三地在环境监测方面存在着诸多差异和冲突，与全面实现区域内"说得清环境质量现状及其变化趋势，说得清污染源状况，说得清潜在的环境风险"的要求尚存在一定差距。

第五节　京津冀跨界环境风险识别模型

近年来随着政府和企业对安全生产和环境保护的关注，有关风险评价和识别的相关研究成果逐渐增多，在已有评价方法的基础上，有些新方法开始受到重视。尤其是一些专家学者将某些基于经典数学模型的综合评价方法引入风险评价领域，克服了以前评价方法的不足，在运用中收到很好的效果。

综合评价法是在确定研究对象评价指标体系基础上，运用一定方法对各指标在研究领域内的重要程度，即其权重进行确定，根据所选择的评价模型，利用综合指数的计算形式，定量地对某现象进行综合评价的方法。现已应用于环境风险分级评价的方法主要有以下七种：灰色聚类法、灰色关联法、层次分析法、熵权法、模糊综合评价法、主成分分析法和多智能体技术。

一、灰色聚类法

灰色聚类是建立在灰数的白化函数生成基础上的一种方法，它的实质是充分、合理地利用已知信息来替代未知的、非确知的信息，对灰色系统的本质属性进行分类识别，并给出客观、可靠的量化分析结果。

聚类分析是采用数学定量手段确定聚类对象间的亲疏关系并进行分型化的一种多元统计分析方法。灰色聚类是将聚类对象对于不同的聚类指标拥有的白化数，按几个灰类进行归纳，从而判定该聚类对象属于哪一类。灰色聚类分析原理由确定灰数白化函数，标定聚类权和求聚类系数构成。数据的标准化处理分为灰类的标准化处理和指标白化值的标准化处理，灰类的标准化处理是建立白化函数的必要条件。具体步骤包括：

（一）灰类的标准化处理

原数据多且不具有可比性，为了使原数据具有均一性、可比性，需要对灰类进行标准化处理。为了便于原始白化数与灰类之间的比较分析，用 C_{0i} 进行灰类的无量纲化：

$$r_{ij} = \frac{S_{ij}}{C_{0i}}, \quad i \in (1, 2, \cdots, h) \tag{2.1}$$

上式中：r_{ij} 为第 i 个指标第 j 个灰类值 S_{ij} 的标准化处理；S_{ij} 为灰类值，C_{0i} 为第 i 个指标的参考标准。

（二）计算指标各个灰类的白化函数

白化函数是灰类聚类的基础，是计算聚类系数的基本依据，它可反映聚类指标对灰类的亲疏关系。第 i 个指标的灰类 1、灰类 j（j=2, $\cdots$, h−1）和灰类 h 的白化函数分别为：

$$f_{i1(x)} = \begin{cases} 1 & (x \leq x_m) \\ \dfrac{x_h - x}{x_n - x_m} & (x_m < x < x_h) \\ 0 & (x \geq x_h) \end{cases} \tag{2.2}$$

$$f_{i1(x)} = \begin{cases} 0 & (x \leq x_0, \ x \geq x_h) \\ \dfrac{x - x_0}{x_m - x_0} & (x_0 < x < x_m) \\ \dfrac{x_h - x}{x_h - x_m} & (x_m < x < x_h) \\ 1 & (x = x_m) \end{cases} \tag{2.3}$$

$$f_{ih(x)} = \begin{cases} 1 & (x \geq x_m) \\ \dfrac{x-x_0}{x_m-x_0} & (x_0 < x < x_m) \\ 0 & (x \leq x_0) \end{cases} \tag{2.4}$$

（三）计算聚类权

即计算指标对各个灰类的权重，聚类权是各指标对某一灰类的权重。第 i 个指标 j 个灰类的权重 W_{ij} 按下式计算：

$$W_{ij} = \frac{r_{ij}}{\sum\limits_{i=1}^{n} r_{ij}} r \tag{2.5}$$

（四）计算聚类系数

聚类系数用以反映聚类样本对灰类的亲疏程度，可由灰类白化函数的生成而得到。第 k 个样本关于第 j 个灰类的聚类系数为：

$$\epsilon_{ij} = \sum_{i=1}^{n} f_{ij}(d_{ki}) w_{ij}, \quad k\epsilon(1, 2, \cdots, m) \tag{2.6}$$

聚类方法是将风险源对各个灰类的聚类系数组成聚类行向量，在行向量中聚类系数最大者所对应的灰类即为该风险源所属类别，然后将风险源同属的灰类进行归纳，便是灰色聚类的结果。根据聚类系数的大小评价风险的风险等级，在行向量中聚类系数最大值所在的灰类即为风险源所属类别。

刘刚等用灰色聚类方法和层次分析法，建立了机场机坪安全风险双层次灰色评价模型，将灰色多层次评价技术应用于民用机场机坪安全风险评估问题，推导了各灰级权重的计算公式，评估机场的机坪安全风险。

二、灰色关联法

灰色关联法是在灰色系统理论基础上发展起来的一种新的分析方法，其基本思想是根据待分析系统的各特征参量序列曲线间的几何相似或变化态势的接近程度，判断其关联程度的大小，然后进行综合评价。采用灰色关联度法进行综合评价，主要是用关联度大小的次序描述，按关联度最大原则将所评价的样本归在相应的级别之中。灰色关联评价的基本过程如下：

（一）确定参考数列与比较数列

参考数列为：

$$y_0 = \{y_0(k); k=1, 2, \cdots, n\} \tag{2.7}$$

比较数列为：

$$y_i = \{y_i(k); i=1, 2, \cdots, m; k=1, 2, \cdots, n\} \tag{2.8}$$

（二）数据归一化

数据归一化处理后，得到标准序列为：

$$X_0 = \{x_0(k); k=1, 2, \cdots, n\}$$

$$X_i = \{x_i(k); i=1, 2, \cdots, m; k=1, 2, \cdots, n\} \tag{2.9}$$

（三）计算评价对象多指标间的关联系数

$$\varepsilon_i = \frac{\min\min|x_0(k)-x_i(k)|+\rho\times\max\max|x_0(k)-x_i(k)|}{|x_0(k)-x_i(k)|+\rho\times\max\max|x_0(k)-x_i(k)|} \tag{2.10}$$

上式中：$|x_0(k)-x_i(k)|$ 表示 X_0 数列与 X_i 数列在第 k 点的绝对差。ρ 为分辨系数，$\rho\epsilon(0, +\infty)$，一般取 $\rho=0.5$。$\min\min|x_0(k)-x_i(k)|$ 为二级最小差，$\max\max|x_0(k)-x_i(k)|$ 二级最大差。

（四）加入主观的权重，得到加权关联度 $a(k)$

$$r_i = (\sum_{k=1}^{n}\varepsilon_i(k)\times a(k))/n \tag{2.11}$$

张红鸽利用灰色系统理论的关联度分析方法，以潜在危险性、存在条件、触发因素作为非化学品危险源的主要辨识指标，求出各危险源与最优辨识指标的关联度，据此建立了危险源辨识的灰色多层次综合评价模型，并以兖州矿区焦化厂最大的化产回收车间作为实例对该模型进行了验证，从而得出了车间内各危险源危险性的优劣次序，其辨识结果与危险源的实际情况大致吻合，证明了该模型的可行性。

三、层次分析法

层次分析法（Analytic Hierarchy Process，AHP），属于系统分析法，是一种对复杂现象的决策思维过程进行系统化、模型化、数量化的方法，是由美国运筹学家 T. L. Saaty 教授于 20 世纪 70 年代中期提出的。在资源分配、企业管理、生产决策、管理信息系统、环境等众多领域被广泛采用。

层次分析法基本原理是将要评价系统的有关替代方案的各种要素分解成目标、准则、方案等层次，在此基础上进行定性和定量分析的决策。这种方法的特点是在对复杂的决策问题的本质、影响因素及其内在关系等进行深入分析的基础上，利用较少的定量信息把决策者的决策思维过程数学化，从而为多目标、多准则或无结构特性的复杂决策问题提供简便的决策手段。

层次分析法是定量分析与定性分析相结合的多目标决策分析过程方法，把数学处理与人的经验和主观判断相结合，能够有效地分析目标准则体系层次间的非序列关系，有效地综合测定评价决策者的判断和比较，其确定权重的步骤如下：

(一) 建立层次结构模型

在应用层次分析法之前，首先要建立相应的评价指标体系，即对评判对象进行层次分析，确立清晰的分级指标体系，给出评判对象的指标集，按照评价指标体系的基本关系构建一个层次结构模型。例如，目标层 A、准则层 B、具体指标 C，给出评判对象的因素集和子因素集，如图 4-2 所示：

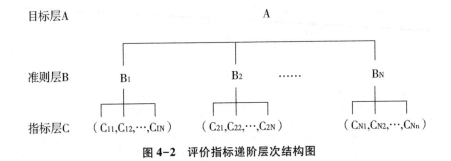

图 4-2　评价指标递阶层次结构图

(二) 构造判断矩阵

在层次结构建立后，针对上一层指标因素，下一层与之相关的分指标之间，两两进行比较所得的相对重要性程度，用具体标度值表示出来写成矩阵形式，就是判断矩阵。

在层次分析法中，相对重要性的量值由 T. L. Satty 建议的"1—9 标度"法来表示，将有关指标项在描述某一现象中所起作用程度进行两两比较，"1—9 标度"的含义见表 4-1。

表 4-1　层次分析法中"1—9 标度"含义

标度	含义
1	表示行元素与列元素相比，具有同样重要性
3	表示行元素与列元素相比，前者比后者稍微重要
5	表示行元素与列元素相比，前者比后者明显重要
7	表示行元素与列元素相比，前者比后者强烈重要
9	表示行元素与列元素相比，前者比后者极端重要
2、4、6、8	表示上述相邻多年的中间值
上述数据的倒数	若i因素与j因素比较，得到的判断值为a_{ij},则$a_{ij}=1/a_{ij}$

上表中，$a_{ij}=\dfrac{B_i}{B_j}$，表示对于 A 这一总体评价目标而言，因素 B_i 对因素 B_j 相对重要性的判断值，数值大小由因素 B_i 与因素 B_j 的相对重要性决定。矩阵的特点是对角线上的元素为 1，即每个元素相对于自身的重要性为 1。

（三）求解判断矩阵

得出在单一目标层 A 下被比较元素的相对权重——层次单排序。

1. 将得到的矩阵按行将各元素连乘并开 N 次方，求得各行元素的几何平均值：

$$w_i=(\prod_{j=1}^{N}a_{ij})^{\frac{1}{N}} \tag{2.12}$$

得到列向量：

$$w_i=\begin{bmatrix} w_1, & w_2, & w_3, & \cdots, & w_N \end{bmatrix}^T, \ i=1,\ 2,\ 3,\ \cdots,\ N \tag{2.13}$$

2. 将所得的 w_i 向量分别做归一化处理，得到单一准则下所求各被比较元素的排序权重向量 w'_i。

（四）一致性检验

一致性检验的基本步骤如下所述：应用公式（2.14）能够计算求解判断矩阵的最大特征值，然后分别代入公式（2.15）和（2.16），计算判断矩阵的一致性指标和一致性比，检验其一致性。

$$\lambda_{max}=\sum_{i=1}^{N}\frac{(Aw_i)_i}{nw_i},\ i=1,\ 2,\ \cdots,\ N \tag{2.14}$$

$$CI=\frac{\lambda_{max}-n}{n-1} \tag{2.15}$$

上式中，A 为 A-B 判断矩阵，n 为判断矩阵阶数，λ_{max} 为判断矩阵最大特征值。

判断矩阵一致性性程度越高，CI 值越小。当 CI＝0 时，判断矩阵达到完全一致。但在建立判断矩阵的过程中，思维判断的不一致只是影响判断矩阵一致性的原因之一，用 1—9 比例标度作为两两因子比较的结果也是引起判断矩阵偏离一致性的原因。仅仅根据 CI 值设定一个可接受的不一致性标准显然是不妥当的。为了得到一个对不同阶数判断矩阵均适用的一致性检验临界值，就必须消除矩阵阶数的影响。

在层次分析法中以一致性比例来解决这一问题。引入平均随机一致性指标 RI，是用于消除由矩阵阶数影响所造成判断矩阵不一致的修正系数。具体数值参见表4-2。

表 4-2　平均随机一致性指标 RI 的取值

阶数	1	2	3	4	5	6	7	8	9	10	11	12
RI 值	0.00	0.00	0.58	0.90	1.12	1.24	1.32	1.41	1.45	1.49	1.51	1.48

$$CR = \frac{CI}{RI} \qquad (2.16)$$

通常情况下，对于 $n \geqslant 3$ 阶的判断矩阵，当 $CR \leqslant 0.1$ 时，即 λ_{max} 偏离 n 的相对误差 CI 不超过平均随机一致性指标 RI 的 1/10 时，一般认为判断矩阵的一致性是可以接受的；否则，当 $CR > 0.1$ 时，说明判断矩阵偏离一致性程度过大，必须对判断矩阵进行必要的调整，使之具有满意的一致性为止。

张明广等利用层次分析法的原理，针对重大危险源评价因子建立层次结构模型，构建比较矩阵将成对比较矩阵的特征向量作为重大危险源评价的权重，确定了评价因子的影响力排序，建立了重大危险源危险度评价指标体系，提出了一种新的重大危险源危险度评价方法，为重大危险源分级和监控管理提供了依据并通过实例进行了基于层次分析法的重大危险源评价方法的实际运用。

四、熵权法

熵的概念源于热力学，用来描述离子或分子运动的不可逆现象。当系统可能处于几种不同状态时，每种状态出现的概率为时 P_i（$i=1$，2，$\cdots$，n），则系统的熵为：

$$H(x) = -\sum_{i=1}^{n} P(x_i)\log P(x_i) \tag{2.17}$$

熵值 $H(x)$ 实际是系统不确定性的一种量度。熵具有极值性，当系统处于各种状态概率为等概率时，即 $P_i=1/n$（$i=1$，2，$\cdots$，n）时，其熵值最大为：

$$H(P_1, P_2, \cdots, P_n) \leq H\left(\frac{1}{n}, \frac{1}{n}, \cdots, \frac{1}{n}\right) = \lg n \tag{2.18}$$

由此可知，当系统的状态数 n 增加时，系统的熵也增加，但增加的速度比 n 小得多。如果系统仅处于一种状态，且其出现概率 $P_i=1/n$。当系统的熵等于零，说明该系统没有不确定性，系统可以完全确定。

在信息理论中，熵是系统无序程度的度量，可以度量数据所提供的有效信息，衡量事物出现的不确定性。现被许多学者用来作为多元综合评价中权重的确定方法。信息熵权的原理为根据各指标传输给评价者的信息量大小来确定指标权重。对于某项指标，指标值间的差距越大，表明该指标在综合评价中所起的作用越大，相应的权重也就越大。如果差异为零，表明该指标在综合评价中不起作用。

熵权法适用于指标相互之间具有复杂联系的评价体系，在以原始数据差异大小为赋权依据的前提下，能尽量减少主观因素对各指标相对重要程度的影响，避免主观判断的不确定性，使评价结果更符合实际。

熵权法的计算步骤：

熵权法是一种客观赋权方法，对于 m 个样本，n 个评价指标，有数据矩阵 $X=(x_{ij})_{n\times m}$，熵权向量的计算步骤如下：

（一）评价指标数据的标准化处理

由于参与评价的各项指标有越大越优型、越小越优型，需对矩阵中的特征值进行归一化处理，方法如下：

$$\begin{cases} x'_{ij} = x_{ij}/\max x_{ij} & \text{越大越优型} \\ x'_{ij} = \min x_{ij}/x_{ij} & \text{越小越优型} \end{cases} \tag{2.19}$$

上式中，x_{ij} 和 x'_{ij} 分别为指标的原始值和标准值。

据此得到归一化矩阵 x'：

$$x' = \begin{bmatrix} x'_{11} & x'_{12} & \cdots x'_{1m} \\ x'_{21} & x'_{22} & \cdots x'_{2m} \\ \vdots & \vdots & \vdots \\ x'_{n1} & x'_{n2} & \cdots x'_{nm} \end{bmatrix} \tag{2.20}$$

（二）指标熵权系数权重求解

计算原始指标数据矩阵样本 j 第 i 个指标的比重：

$$p_{ij} = \frac{x'_{ij}}{\sum\limits_{j=1}^{m} x_{ij}} \tag{2.21}$$

计算样本 j 中第 i 项指标的信息熵值 e_i：

$$e_i = -\frac{1}{mn} \sum_{j=1}^{m} p_{ij} \ln p_{ij} \tag{2.22}$$

计算样本 j 中第 i 项指标的权重 w_i：

$$w''_i = \frac{1 - e_i}{\sum\limits_{i=1}^{m} (1 - e_i)} \tag{2.23}$$

五、模糊综合评价法

模糊综合评判法（Fuzzy Comprehensive Evaluation，FCE），是一种以模糊推理为主的定性与定量相结合、精确与非精确相统一的分析评判方法。它能对社会经济现象中所出现的"亦此亦彼"的中介过渡状态采用概念内涵清晰，但外延界限不明确的模糊思想加以描述，并进行多因素的综合评定和估价。

（一）模糊综合评价法的步骤

模糊综合评价通常按以下的步骤进行：

1. 确定评价因素集合 $U = (u_1, u_2, \cdots, u_N)$

其中 u_i （$i = 1, \cdots, N$）为评价因素，N 是同一层次上单个因素的个数，这一集合构成了评价的框架。

2. 确定评价等级标准集合 $V = \{v_1, v_2, \cdots, v_n\}$

其中 v_j （$j = 1, \cdots, n$）是评价等级标准，n 是元素个数，即等级数或评语档次数。这一集合规定了某一评价因素的评价结果的选择范围。评价元素既可以是定性的，也可以是量化的分值。

3. 确定隶属度矩阵 R

假设对第 i 个评价因素 u_i，进行单因素评价得到一个相对于 v_j 的模糊向量：

$$R_i = (r_{i1}, r_{i2}, \cdots, r_{ij}), \ i=1, 2, \cdots, N; \ j=1, 2, \cdots, n \qquad (2.24)$$

r_{ij} 为因素 u_i 具有 v_j 的程度，$0<r_{ij}<1$。若对 n 个元素进行了综合评价，其结果是一个 N 行 n 列的矩阵，称之为隶属度 R。显然，该矩阵中的每一行是对每一个单因素的评价结果，整个矩阵包含了按评价标准集合 V 对评价因素集合 U 进行评价所获得的全部信息。

4. 进行多层次综合评价

根据最大隶属原则，确定评价对象所属的评价等级，给出评价结论。

（二）确定隶属度矩阵

评价指标可以分为定性指标和定量指标两类，两类指标具有以下特点：

定量指标虽然可以定量表示，但是往往具有一定的模糊性。比如，在判断某一岩石是否为煤时通常通过该岩石的灰分含量来确定，一般认为灰分含量在0%~40%时为煤，但对于灰分含量稍微大于40%的一般也认为其属于煤；又如，65 岁以上认为是"老人"，但60~64 岁的人一般也认为是"老人"。即合理范围的外延界限具有模糊性，这正体现了模糊数学的"亦此亦彼"的特点。

定性指标更具有模糊性。例如，一个教师的授课能力，只能根据评价人的知识水平和经验分析，推理、判断为很好、好、一般、差、较差，也就是说，表述结果往往与评价者的知识水平、分析角度和经验有很大的关系。

各个指标相互影响、相互制约。因此，又需要将各个指标综合考虑，这就使本来就模糊的单指标评价变得更加模糊。

1. 定性指标的量化

定性指标是指人们在判断一个事物时一般无法用定量的方法表达出来，而通常采用一些具有模糊意义的表述，如合理、好、差等。

将评价标准值划分为四个等级，等级分值范围为 0—100，按基本等量、就近取整的原则来划分不同等级的分值范围然后根据评价标准，请一定数量的专家将定性指标在 0—100 范围内打分，取平均值，使其定量量化，最后应用与定量指标相同的隶属度函数计算隶属度。

2. 指标隶属度的确定方法

应用隶属度函数计算指标隶属度，生成评语集。隶属度函数可以是任意形状的曲线，取什么形状取决于应用的方便和有效，环境科学中广泛应用的三角形隶属度函数，计算其函数曲线如图4-3所示。

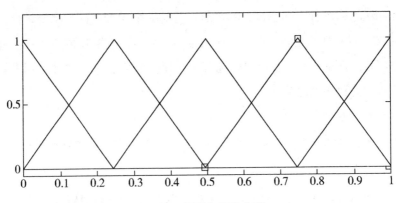

图4-3　隶属度函数曲线

一般评价指标可分为两类。第一类指标（正指标）：评价对象的水平与指标值呈正相关，指标值越大，评价对象的水平越高；第二类指标（负指标）：评价对象的水平与指标值呈负相关，指标值越大，评价对象的水平越低。

两类指标的隶属度函数计算方法如下：以指标层下的第 i 项指标 x_i 为例，V_j 为第 i 项指标的第 j 等级标准，评价标准为四级：

（1）第一类指标（正向指标）

当 x_i 的实际值大于其对应的第 I 级标准时，它对第 I 级的隶属度为1，而对其他等级的隶属度为0。

即当 $x_i > V_i$ 时，

$$r_{i1} = 1 \quad r_{i2} = r_{i3} = r_{i4} = 0 \tag{2.25}$$

当 x_i 的实际值介于其对应的第 j 级和第 j+1 级标准 V_j 和 V_{j+1} 之间时，即当 $V_j \leq x_i \leq V_{j+1}$ 时，它对 j+1 等级的隶属度为：

$$r_{i(j-1)} = \frac{V_j - x_i}{V_j - V_{j+1}} \tag{2.26}$$

对第 j 等级的隶属度为：

$$r_{ij} = 1 - r_{i(j-1)} \qquad (2.27)$$

而对其他级别的隶属度均为 0。

当 x_i 的实际值小于其对应的第 Ⅳ 级标准时，它对第 Ⅳ 级的隶属度为 1，而对其他等级的隶属度为 0。

即当 $x_i < V_i$ 时，

$$r_{i4} = 1 \quad r_{i1} = r_{i2} = r_{i3} = 0 \qquad (2.28)$$

（2）第二类指标（逆向指标）

当 x_i 的实际值小于其对应的第 Ⅰ 级标准时，它对第 Ⅰ 级的隶属度为 1，而对其他等级的隶属度为 0。

即当 $x_i < V_i$ 时，

$$r_{i1} = 1 \quad r_{i2} = r_{i3} = r_{i4} = 0 \qquad (2.29)$$

当的实际值介于其对应的第 j 级和第 j+1 级标准 V_j 和 V_{j+1} 之间时，即当 $V_j \leq x_i \leq V_{j+1}$，时，它对 j+1 等级的隶属度为：

$$r_{i(j+1)} = \frac{x_i - V_j}{V_{j+1} - V_j} \qquad (2.30)$$

对第 j 等级的隶属度为：

$$r_{ij} = 1 - r_{i(j+1)} \qquad (2.31)$$

而对其他级别的隶属度均为 0.

当 x_i 的实际值大于其对应的第 Ⅳ 级标准，它对第 Ⅳ 级的隶属度为 1，而对其他等级的隶属度为 0。

$$r_{ij} = 1 - r_{i(j+1)} \qquad (2.32)$$

即当 $x_i > V_i$ 时，

$$r_{i4} = 1 \quad r_{i1} = r_{i2} = r_{i3} = 0 \qquad (2.33)$$

计算评价指标 i 隶属于评价等级 j 的隶属度 r_{ij}，生成隶属函数 R：

$$R = \begin{bmatrix} r_{11} & r_{12} & r_{13} & \cdots r_{1m} \\ r_{21} & r_{22} & r_{23} & \cdots r_{2m} \\ r_{31} & r_{32} & r_{33} & \cdots r_{3m} \\ \cdots & \cdots & \cdots & \cdots & \cdots \\ r_{n1} & r_{n2} & r_{n3} & \cdots & r_{nm} \end{bmatrix} \qquad (2.34)$$

（三）选择模糊逻辑算子

进行模糊变换时，要选择适宜的模糊逻辑算子，模糊逻辑算子"o"采用 M（·，⊕）算子，"⊕"为模糊逻辑 T 算子，即环和运算，也称有界和运算，即在有界限制下的普通加法运算。

对 t 个实数 x_1，x_2，…，x_i，有：

$$x_1 \oplus x_2 \oplus \cdots \oplus x_t = \min\{1, \sum_{t=1}^{t} x_i\} \tag{2.35}$$

利用 M（·，⊕）算子，即：

$$B_k = \min\{1, \sum_{t=1}^{t} \min(v_j, r_{jk})\}, \quad k = 1, 2, \cdots n \tag{2.36}$$

例如：

$$B = W \cdot R = (s_k)_{1 \times n} = (0.3 \quad 0.3 \quad 0.4 \cdot \begin{bmatrix} 0.5 & 0.3 & 0.2 & 0 \\ 0.3 & 0.4 & 0.2 & 0.1 \\ 0.2 & 0.2 & 0.3 & 0.2 \end{bmatrix}$$

$$= (0.32 \quad 0.29 \quad 0.24 \quad 0.11)) \tag{2.37}$$

其中：

$$B_1 = (0.3 \cdot 0.5) \oplus (0.3 \cdot 0.3) \oplus (0.4 \cdot 0.2)$$

$$= (0.15 \oplus 0.09 \oplus 0.08) = 0.32 \tag{2.38}$$

其他 B_k 求法相同。

模型不仅考虑了所有因素的影响，而且保留了单因素评判的全部信息。在运算能保留全部有用的信息，可用于需要全面考虑各个因素的影响和全面考虑各个单因素评判结果的情况。

（四）多级模糊综合评价

1. 多层次综合评价算法的应用范围

一般来说，当出现以下情况时，应该采用多层次综合评价。

（1）当中元素特别多时，存在着权重系数难以确定的问题

做法：按其性质将所有的因素分为若干类，先将某一类中的各个因素进行综合评价，然后再对各类进行综合评价。如果每类因素还可以再分类，则这样的评判还可以多次进行下去。

（2）U 中因素有多个层次，即一个因素往往是由其他若干个因素决定的

做法：先对低层次的各个元素进行综合评价，然后再对上一层次的因素进行综合评价。

（3）U 中因素具有模糊性

做法：按其性质，把 U 中的因素分为若干等级，通过对一个因素若干等级的综合评价来实现对该因素的评价，然后再对所有的因素进行综合评价。

2. 多级模糊综合评价算法的主要步骤

以二级综合评价为例，主要包括以下四步：

（1）评价指标及相应权重分配

将评价指标按属性归类，分层排列成具有层次结构的评价指标体系。其中，第一层为评价总目标 V；第二层为评价准则层，对评价总目标划分，记为：U = {U₁，U₂，…，Uₙ}，第三层为评价指标层，对第二层因素 Uᵢ 划分，记为：Uᵢ = {Uᵢ₁，Uᵢ₂，…，Uᵢₖ}（i = 1，2，…，N），对于不同指标层 Uᵢ，n 的取值不相同。相对应地确定指标的权重，设 U 层指标权重向量为 W，W = {w₁，w₂，…，wₙ}，Uᵢₙ相对于指标权重向量为 Wᵢ，Wᵢ = {Wᵢ₁，Wᵢ₂，…，Wᵢₙ}（i = 1，2，…，N）。其中，Wᵢ 和 Wᵢⱼ满足关系式：

$$0 \leqslant w_i \text{、} w_{ij} \leqslant 1, \quad \sum_{i=1}^{N} w_i = \sum_{j=1}^{n} w_{ij} = 1 \qquad (2.39)$$

（2）建立评价结果集合 V

该步骤与单层次模糊综合评价中建立评价结果集合意义相同：

$$V = \{v_1, v_2, \cdots, v_m\} \qquad (2.40)$$

（3）进行一级因素的综合评价

即按某一类中的各个因素进行综合评价。设对第 i 类中的第 j 元素进行综合评价，评价对象隶属于评价结果集合中的第 k 个元素的隶属度为 r_{ijk}，则该综合评价的单因素隶属度矩阵为：

$$R_i = \begin{bmatrix} r_{i11} & r_{i12} & \cdots & r_{i1m} \\ r_{i21} & r_{i22} & \cdots & r_{i2m} \\ \cdots & \cdots & \cdots & \cdots \\ r_{in1} & r_{in2} & \cdots & r_{inm} \end{bmatrix} \qquad (2.41)$$

于是第 i 类因素的模糊综合评价集合为：

$$B_i = W_i * R_i = (w_{i1}, w_{i2}, \cdots, w_{in}) \cdot \begin{bmatrix} r_{i11} & r_{i12} & \cdots & r_{i1m} \\ r_{i21} & r_{i22} & \cdots & r_{i2m} \\ \cdots & \cdots & \cdots & \cdots \\ r_{in1} & r_{in2} & \cdots & r_{inm} \end{bmatrix}$$

$$= (b_{i1}, b_{i2}, \cdots, b_{in}) \tag{2.42}$$

上式中：I=1，2，…，N，B_i 为 B 层第 i 个指标所包含的各下级因素相对于它的综合模糊运算结果；b_i 为 B 层第 i 个指标各下级因素相对于它的权重；R_i 为模糊评价矩阵。

（4）进行二级因素的模糊综合评价

最底层模糊综合评价仅仅是对某一类中的各个因素进行综合，为了考虑各类因素的综合影响，还必须在类之间进行综合。

进行类之间因素的综合评价时，所进行的评价为单因素评价，而单因素评价矩阵应为最底层模糊综合评价矩阵：

$$B = W \cdot (B_1 B_2 \cdots B_N)^T = (w_1 w_2 \cdots w_N) \cdot (B_1 B_2 \cdots B_N)^T \tag{2.43}$$

其他级的模糊综合评判算法以此类推，最终可得到最顶层目标元素的模糊综合评价向量，依据最大隶属度原则确定评价级别。

杨莉娜等针对影响矿井瓦斯事故危险源各个因素的复杂关系，选取主要评价指标建立了评价指标体系，运用模糊评价法进行了评价。阐明了模糊综合评价法原理和算法，并结合实例进行应用，较好地反映了评价过程和评价因素的模糊性概念，为煤矿对瓦斯事故危险源进行安全现状综合评价提供了合理的途径。

六、主成分分析法

主成分分析（Principle Component Analysis，PCA），是研究用变量族的少数几个线性组合来解释多维变量的协方差结构，挑选最佳变量子集，简化数据，揭示变量间关系的一种多元统计分析方法。

主成分分析法旨在保证原始数据信息丢失最小的情况下，对高维变量空间进行降维处理，经过线性变换舍弃部分信息，以少数的综合变量取代原有的多维变量，这样既抓住了主要矛盾，又简化了评价工作。利用主成分分析法进行综合评价的基本步骤如下：

为了消除由于指标间量纲不同而产生的不合理影响，在进行主成分分析之前还要对原始资料数据进行标准化处理。变量标准化的公式为：

$$x'_{ij} = (x_{ij} \cdot -\bar{x}_j) / \bar{s}_j \qquad (2.44)$$

式（2.44）中，x'_{ij} 为 x_{ij} 的标准化数据，$\bar{x}_j$ 和 $\bar{s}_j$ 分别是第 j 项评价因子的样本均值和样本标准差。

建立标准化数据的相关系数矩阵：

$$R = [r_{ij}]_{m \times n} \qquad (2.45)$$

求出相关矩阵 R 的特征值 λ_1，λ_2，$\cdots$，$\lambda_m \geq 0$，及对应的特征向量 μ_1，μ_2，$\cdots$，μ_m，其中 $\mu_i = (\mu_{i1}, \mu_{i2}, \cdots, \mu_{im})$，于是得到 m 个主成分：

$$Y_i = \mu_{i1} x'_1 + \mu_{i2} x'_2 + \cdots + \mu_{im} x'_m \qquad (2.46)$$

其中 Y_i 是第 i 个主成分。第 i 个主成分 Y_i 的特征值 λ_i 即为该主成分的方差，方差越大，对总变差的贡献也越大，其贡献率为：

$$\alpha_t = \lambda_i / \sum_{k=1}^{m} \lambda_m \qquad (2.47)$$

式（2.47）中，α_i 反映了第 i 个主成分综合原始变量信息的百分比。

最终确定主成分，并以每个主成分的方差贡献率为权重，构造综合评价函数。选取使主成分的累积贡献率达到或超过85%的最小整数b，此时就最终确定了前 b 个主成分，并以这 b 个主成分构造综合评价函数。即

$$\sum_{k=1}^{b} \alpha_i \geq 85\%, f = \alpha_1 Y_1 + \alpha_2 Y_2 + \cdots + \alpha_b Y_b \qquad (2.48)$$

上式中，f 是综合评价分值。综合得分越高，说明整体生态安全状况越好，反之越低。

余福茂等为了帮助管理部门快速识别重大危险源，评估其危险程度，从而达到对重大危险源的分类监管和有效布控，在对众多风险评价指标检验和筛选的基础上，建立了基于主成分分析的重大危险源风险综合评价模型。以 11 个评价指标的第一主成分系数为权数构成的风险评价模型，已经初步运用到杭州市安监局的管理实践中，并取得了积极效果。

七、多智能体技术

多智能体技术起源于人工智能，多智能技术作为分布式人工智能的一种，

是指时间、空间分布的智能决策单元共享信息与资源，用以解决某特定任务，这种分布式解决问题的方法包含有几种优点，快速反应、灵活性和适应性强。多智能体系统的思想源于希尔伯特·西蒙（Herbert A. Simon）的经典著作《Administrative Behavior》，他认为一个大的机构把许多个体组织起来，可以弥补个体工作能力的有限。同样，劳动的分工和每个个体负责一项专门的任务，可以弥补个体学习新任务能力的有限。社会机构间有组织的信息流动，可以弥补个体处理信息并运用信息做出决策能力的有限。

在1986年，Minsky在《The society of mind》一书中第一个提出了"Agent"的概念，把社会中的个体认为是一个个独立的"Agent"，他们之间经过协商可求得问题的解。1993年，shoham将智能体"Agent"定义为一个可以用信念、承诺、义务、意图等精神状态来描述的实体。1995年，Wooldridge将智能体"Agent"定义为一个具有自主性、反应性、预动性、社交性四条基本性质的实体。1996年，Nwana将智能体定义为一个能够代表用户执行任务或程序的软件或是硬件组成。智能体的基本思想是使软件能模拟人类的社会行为和认知，即人类社会的组织形式、协作关系、进化机制，以及认知、思维和解决问题的方式。智能体系统主要有三种体系结构：慎思型、反应型、混合型。智能体的主要优势在于不仅具有一定的智能知识，并且放松了对集中式、规划和顺序控制的限制，易于扩展、应用灵活而且提供了异时异步的分散控制、应急和并行处理等功能，如果按照面向对象的方法构造多个智能体，将会大大降低系统的复杂性。

由于多智能体技术的独特优势，国内外学者做了大量研究工作，使得多技术在不同领域得到了广泛的应用。目前，多智能体技术的应用主要集中在协同制造、空间规划、智能监控、决策支持，Hudson和Cohen在2002年利用多智能体技术开发了一个智能决策支持系统，应用于心脏疾病的确定及诊断上，系统采用五个智能体和医疗专家共同评估一种疾病的诊断上，系统的特异性和准确度超过80%。智能体可以观测患者的情况，通过互联网给医生传递信息，并将其他专家引入到诊断当中来，取得不错效果。在复杂环境中，如作战系统中，Tolk于2005年开发了一种作战辅助系统，其中智能体能给作战参与方提供最高级别的情景认知，用以辅助决策。齐艳平、王钮、龚传信结合人工智能和技术的最新发展，提出了把技术应用于智能决策支持系统的研究之中，即综合运用智能界面、流动和信息等技术帮助用户处理解决一些决策问题。

周伟、贺正楚在合同网协议的基础上构建多智能体协商体系框架，并结合贝叶斯决策方法来建立自学习协商模型，实现了虚拟企业成员之间的协商，有效提高了协商效率，改善了网络通信，保证了虚拟企业的敏捷性和协商双方的利益。赵伟等提出一种利用多智能体技术和协同式专家系统进行电网故障诊断的方法，此方法将智能体模型作为框架，并结合专家系统的特点对系统单元结构进行改进和细化，最后提出适用于故障诊断的整个协同式专家系统的结构体系，系统利用功能协同增强了对复杂故障实时诊断的推理能力，利用区域协同可以对跨区域故障进行诊断，克服了单一专家系统的局限性。

高阳、曾小青通过利用多智能体研究了虚拟企业的协作问题，介绍了一种面向虚拟企业的开放式异构多智能体协作环境，探讨了涉及多智能体协作的通信方式、通信语言和交互机制，并且从虚拟企业共赢的角度出发，提出了一个面向虚拟企业协作的多阶段协商模型，探讨了盟主与成员企业之间交互的协商策略，分析了各成员企业之间的多边协商过程。Von-Wun 等人利用分布式多智能体构建了一个多智能体协作平台，用以帮助行业知识管理者来检索和分析现有专利资料结构信息，提取专利权援助的本体和自然语言处理技术。Arend 等人基于多智能体技术模拟空间规划过程的空间场景多因素决策问题。张全海、施鹏飞运用多智能体技术，提出了基于本体的多智能体知识共享和协作处理模型，并且应用于医学中，结果表明利用多智能体技术对于问题的协作处理时的知识共享问题，不仅能保持智能体本身处理系统的独立性，而且能进行动态知识和静态知识的表示，适合于智能体在协作过程中的知识获取、学习和智能决策。

高琪在《基于一群体决策技术的跨界风险协同决策研究》中针对我国环境污染风险管理与控制实践中存在的问题，基于群决策技术研究建立跨界流域污染应急状态下远程协同决策技术，设计基于多智能体技术的流域上下游政府群、部门的智能群决策支持系统结构模型，基于博弈论建立流域应急处理方案仲裁敲定，基于带权分配合同网建立方案分配、执行模式。在应急状态下进行远程群决策并建立预案生成、优选、表决和交互模式及其系统，从而有效破解流域上下游跨行政区、跨部门信息共享不畅，难以协调的问题。

第六节 政策研究

京津冀跨界环境风险协同治理需要从制度创新入手，着力培育区域环境风险共担、环境利益共享的新型环境利益协调机制，建立和完善多主体、全过程、复合型环境风险治理的网络体系，并破解跨界环境风险合作共治在理念认知、利益结构和制度机制等方面的挑战。

（一）京津冀跨境环境风险协同治理的基础

1. 一致的制度创新原则

城市环境治理制度创新的基本原则，是在城市环境治理制度的完善和建立过程中必须遵循的基本准则，具体包括以下方面：

（1）协调发展，互惠共赢

"协调发展，互惠共赢"就是正确处理环境保护与经济发展和社会进步的关系，在发展中落实保护，在保护中促进发展，坚持节约发展、安全发展、清洁发展，实现可持续的科学发展。城市是由工业、农业、外贸、科技、教育、规划、环境等部分组成的、内在的、必然联系着的、复杂的有机整体，各部分各环节的活动具有相对独立性，由于各自的利益关系，各个部门以各自的利益为重，而对全方位的综合治理全盘考虑必然较少，往往产生各式各样的矛盾和摩擦，出现各自为政的现象。目前，中国城市环境治理很大的问题就是部门和部门之间的配合失调，"缺位""越位""错位"现象大量存在。因此，城市环境治理中，为保证治理措施的成效，城市中的各部分、各功能之间必须保持高度的协调性，使其相互配合、紧密衔接，既不产生重复，又不出现脱节、偏离，更不相互矛盾。由于城市环境治理又面临复杂多变的外部环境，它随时都要反映到内部来，影响和制约内部各要素，造成整体的不稳定。因而，在城市环境治理中还要随时调整内部状况或尽可能改造外部环境以求得内外环境的协调一致，发挥城市环境治理的整体功能。

（2）互补共促，整体发展

互补共促，整体发挥，就是不同制度安排应相互补充，相互促进，形成一个整体，从而作为整体发挥作用。城市环境治理制度对于集体行为的规范，是通过一个整体发挥作用的。不同城市环境治理制度安排间的相互补充对于城市环境治理制度整体功能的实现是重要的。城市环境治理制度一般分为外在制度与内在制度、正式制度与非正式制度。在正式制度的执行中，对惩罚的规定和实施都要通过有组织的机制。而非正式制度对惩罚的规定和实施则依赖于自我执行。所以，制度创新的努力方向之一，应当是在现有的外在制度和正式制度建设的同时，注意培育与之相关的内在制度以及非正式制度，从而使城市环境治理制度作为整体发挥作用。城市环境具有综合性、社会性、依存性、易变性等特点。城市环境治理是一项宏大工程，它不仅涉及政府、企业、公民等不同的利益主体，还涉及经济发展、社会稳定等不同方面的关系，在城市环境治理中不可避免地要涉及各方的利益。因此，要使这项工程能够顺利开展，必须形成科学、健全、公平的利益互补机制。同时，在城市环境治理中，要强调整体性，统筹兼顾、综合决策、合理开发，健全统一、协调、高效的环境监管体制。

（3）社会参与，民间推动

城市环境治理，涉及社会各个方面的利益，通过媒体宣传、开展培训、领导重视、全民教育等，不断完善公众参与机制；通过动员公众参与环境保护的监督管理，形成群众性的监督网。随着社会公众参与城市环保的程度不断加深，环保民间组织等社会团体在城市环境治理中为各级政府建言献策，维护公众环境权益，组织动员公众参与环境保护，促进国际环境保护与合作等方面发挥的作用将越来越大。社会公众是城市环境质量改善的重要推动力量。环保工作没有公众的参与，很难走远。现在对很多污染事件的查处，也都会受到公众的关注，公众的关注已成为一种无形的监督和推动力量，正在对整个环境监督管理体制和多年形成的传统定式思维可能带来新的冲击。社会公众参与环境治理的重要形式有：一是大型的公民讨论。许多发达国家在环境政策制定和项目实施中都采取大型的公民讨论。大型的公民讨论具有一定的教育功能，包括理解政府的难处和局限的能力，从而为高质量的环境治理政策产生和顺利实施提供好的环境。二是实行居住环境健康影响评价听证会制度。在城市建设中，在居住区规划完成后要进行环境影响评价，将居住环境健康影响评价结果以听证会的形式向即将入住的居民以及周边居民进行公告，以保证居住环境的健康性。社会公众参与这种自下而上的力量，不仅有利于城市环境治理工作的深入开展，而且还会促使有关部门在环境管理模式上不得不进行改革和创新。社会公众广泛参与，有利于参与者对城市政府环境决策的理解和支持，有利于全社会了解在环境治理中各自的权利和义务，有利于决策的执行。同时，广泛参与提高了决策的透明度，有利于社会监督。

（4）预防为主，防治结合

预防为主、防治结合原则的基本思想是，把消除污染、保护生态措施贯彻在经济开发和建设过程之前或之中，从根本上消除产生环境问题的根源，从而减轻事后治理所要付出的代价。同时，在现有国情下，由于技术、经济水平的制约，部分地区没有资金保障引进使用先进生产技术或设备，以及对很多自然资源的使用率不可能达到百分之百等原因，对于这些生产不能从源头上制止对环境的破坏，就必须保证末端治理的切实有效。实践中把环境保护纳入国民经济计划与社会发展中，进行综合平衡的做法，以及建设项目"三同时"制度、环境影响评价制度、清洁生产等都体现了这一原则。从城市环境治理的成本而言，预先采取防范措施，不产生或尽量减少对环境的污染和破坏，是解决环境问题的最有效率的办法。但是，大规模经济建设的过程中产生污染不可避免。因此，实行"预防为主、防治结合原则"是在中国社会经济快速发展的现阶段的必然选择。

（5）因地制宜，突出重点

城市因其功能不同，发展阶段不同，治理需要和条件不同，从而在客观上要求选择不同手段进行治理。中国地域辽阔，各地自然条件和经济发展水平不同。在城市环境治理中，要遵循因地制宜的原则，尊重客观规律，把握地方特色，充分利用原有的自然和人文条件，根据地理环境、地形特点、气候条件来决定治理的措施和手段，根据需要和可能来科学地规划，根据自己城市的经济状况和承受能力安排治理措施和规模，而不能盲目照搬照抄、贪大求洋。

国家新制度经济学理论，制度创新方式有多种，既有诱致性制度创新和强制性制度创新之分，又有政府供给性、准需求诱致性和需求诱致性之分，还有中性制度创新与非中性制度创新之分。

当前，中国城市环境治理制度创新的基本取向（或主要形式）主要有以下方面：

①市场取向的制度创新

市场取向的制度创新主要是指市场主体通过市场机制与规律进行环境治理创新。作为市场主体主要是各类企业。除市场主体外，其他主体也可以采取市场取向的制度创新。进一步看，所谓市场制度创新并不是以市场为主体的制度创新，市场的制度创新其实是市场活动的主体为获得追加或额外利益对现存制度的变革。市场制度创新应是在市场活动中的个人、集团（企业、行业协会等）从事的制度创新。市场活动的主体之所以能积极推行制度变革，在于每个人都努力追求自己的利益以达到自己偏好的最大化目标。

市场本身存在着一种激励机制，人们在追求潜在利润的过程中会产生更优的制度安排。市场能产生制度创新的前提是存在一定的经济自由，并对交易中的产权做出明确界定。利用市场机制的调节作用实施城市环境治理是一种低成本的手段，经济手段对个人和企业具有不可替代的激励作用，有利于鼓励公众协助、参与城市环境治理。发达国家市场机制调节措施主要包括：污染许可证和资源配额的交易；征收污染税、原料税、产品税、资源税、排污费、使用费、补偿费等；提供财政补贴、优惠贷款和环境基金，建立环境资源损害赔偿责任；实行押金—退款制度等。

市场化取向的环境治理制度创新，其关键在于明确与城市生态环境密切相关的自然资源的所有权、使用权、管理权和收益权，而这些权利是由自然资源的产权制度所决定的。这样，城市生态环境治理的市场化制度创新，实质上就转化成了自然资源的产权制度的创新，即通过建立有效的制度安排，为参与自然资源开发利用的个体提供一个规范其经济行为的基本框架。一般说来，这一产权制度体系包括行政管理制度安排、产权安排、交易制度安排以及法律监督制度安排等四个方面。①

当前，中国城市环境治理过程中，有关部门也需要运用市场的手段，减少强制性行政手段的使用，为个人及企业协助环境管理、增强环境保护意识更多的激励。根据"污染者付费、利用者补偿、开发者保护、破坏者恢复"的原则，合理调整环境资源价格，减少或取消补贴；调整现行的能源税，引进新的环境税，对环境有害的产品征收消费税，实行差异税收，扶持引导环保产业的发展；

---

① 樊根耀. 我国环境治理制度创新的基本取向［J］. 求索，2004（12）：115-117.

更大范围的实施可交易的排污许可证制度；给予环境投资项目的优惠贷款利率，推行环保投资的有偿使用。

②政府主导型的制度创新

政府是制度创新最主要的主体，尤其是在我国目前转型期，政府在制度的创新中发挥着极重要的作用。在制度供给中，政府的制度创新居于主导地位。政府主导的制度创新就是政府作为制度创新的主体推行的制度变革。制度变迁是在权力中心支配下自上而下进行的，因而政府是制度创新的最主要主体。

政府主导的制度创新在整个制度供给中处于绝对主导的地位和先天的优势。首先，政府具有暴力上的比较优势。暴力上具有比较优势的政府，在维护旧有制度的同时，也保障着新制度的产生和发展。这样，政府主导的制度创新是成本最低的创新形式。政治上的强制力保证着创新的制度易于推广和适用。制度安排是一种公共物品，而政府生产公共物品比私人生产公共物品更有效。其次，政府是公共政策的制定者和公共权力的执行者。政府从某种意义上说，是整个国家事务、经济文化事业、社会事务的管理机构。推动制度创新是政府在推动社会发展过程中的重要职能。政府客观上要代表广大人民的意志，这样就使得政府主导的制度创新应具有普遍适应性，从而新制度易于在全社会推广。政府从中央到地方都有自己的组织机构和人员，政府在人力、物力、财力等方面都具有个人团体所无法比拟的优势。所有这些决定了政府理所当然地应成为制度创新的主导。

政府主导的制度创新并不都是有效的。政府制度创新的失败说明政府在制度创新中存在着自身的限度：首先，政府是社会中的政府，它所拥有的强制力源于它所拥有的社会合法性。政府合法性的来源一是它所依赖的社会力量，二是它所依据的意识形态。所以政府推行的制度创新并不完全遵循效率逻辑。其次，政府的制度创新还受政府官员的偏好和有限理性及社会科学知识的局限。有些制度可能是有效率的，但政府官员由于偏好效率以外的价值，或者由于政府官员在制度、制度不均衡以及制度创新的安排、组织、设计方面的能力限度，从而使制度创新偏离效率的轨道。

政府是制度创新的主导者。一般而言，在下述四种情况下，由政府来组织制度创新被认为是最适宜的：一是政府机构的发展比较完善，而私人市场处于低水平；二是当潜在利益的获得受到私人财产权的阻碍时，个人和其间的自愿合作团体的制度创新可能无济于事；三是制度创新后的收益具有外部性或搭便车效益时，个人是不愿承担这笔费用的；四是制度创新不能兼顾所有人的利益或损害某些人的利益时，创新就只有靠政府了。其实，以上四种情况的分析只是静态的描述，而政府主导的制度创新的领域往往随着社会的变革发生变化。我国改革开放的历程可以说明这一点。

③治理主体多元化的制度创新

传统环境治理是以政府为唯一主体的，然而就运行效率而言却并不理想。多元化的治理主体取代以政府为主导的单一治理主体，其实质是通过建立一种在微观领域对政府作用进行补充或替代的制度形态，使大量的社会力量来参与环境治理。多元化的治理主体包括：一类主体可以是营利性企业、非营利组织和公民个人，主要有企业、非政府组织、农村社区等。另一类重要的治理主体是社会公众。治理主体的多元化并不只意味着治理规模或治理范围的变化，其意义在于由此而产生的制度安排的深刻变化。这不仅突破了以外在的和强制性制度为主的格局，而且大大地降低了制度运行的成本。

随着企业作为市场主体地位的确立，以及社会团体和公众对环境的普遍关注及其参与环境管理的愿望都表明，中国的环境关系正呈多元化趋势，环境关系已演变成为一个政府、企业、公众和社会团体共同参与，互为作用的复杂系统。因此，在城市环境治理中，应形成各种利益主体积极参与的主体多元化机制，积极探索建立有利于多主体参与、多方投入、多形式经营的多元经营机制和利益分配机制。

国外治理主体多元化是城市环境治理的一项基本原则。如美国许多城市调动利益相关者参与城市管理，而且已经制度化。常见的方式有，议员和政府官员走访市民、公共舆论、听证会等。其中，听证会是一种应用广泛也最为有效地参与形式。在需要做决策时，把各利益相关者和专家召集起来，让各方阐明做或不做的理由，最后由大家表决做出决定。这样的决策过程，可以广泛吸收各方面的意见，协调各方面的利益，提高决策科学水平，减少失误。

城市的环境治理中，城市政府在城市环境治理过程中的作用固然重要，但没有广大城市利益相关者的积极参与，城市管理的成本将十分高昂，城市管理的效率将非常低下。政府决策机制如果没有社会公众、学术团体的充分参与，是不充分的。城市政府应该重视城市利益相关者特别是广大市民通过一定的机制积极参与城市环境治理。从城市整体而言，城市环境治理主体分解为中央政府、城市政府、企业、市民、其他地方政府、流动人口、科学界等利益相关者，其中政府在城市环境治理中是最有力量的主体。从城市环境治理的某项事业而言，利益相关者可能只包括与此有关系的人或机构。利益相关的人会比不相关的人更关心城市的环境和发展。由于各利益相关者利益并非完全一致，政府要发挥主导协调作用。

2. 京津冀地区逐步统一完善的制度性改革

诺贝尔经济学获得者缪尔达尔（Gunnar Myrdal）提出的"循环积累因果关系理论"，这个理论重点是：要解决一个地区的协同发展问题，第一，一定要注意经济系统和人口系统的协同，这两个系统缺一不可；第二，区域的发展有五个要素：投资、产业、就业、消费、税收。从投资形成产业，产业带动就业，就业形成消费，消费形成税收，税收再进行进一步的投资，这是形成一个地方良性循环的五个核心要素。

（1）财税制度的改革

财税制度的改革将是未来束缚京津冀协同发展的一个非常重要的改革。如果不处理好中央、地方财税关系，中央和地方的利益冲突可能永远都无法解决。构建特殊区域的特殊财政制度，建立纵向财政转移支付机制，时间区域内环境协同治理。一是建立首都财政。可以优先考虑北京核心区按照事权与财权相匹配的原则，以首都财政的形式由中央财政拨付财政款项，用于支持首都核心功能正常运作。二是建立首都圈财政。通过征收碳排放税、燃油消费税等环境税，建立首都圈财政，用于京津冀区域内生态涵养区的生态保护和发展生态友好型产业，用于三地跨界的道路建设等。

一是建立京津冀区域环境治理的财税政策协调机制。前提是创新京津冀地区的财政管理体制，设立京津冀地区财政委员会。创造条件积极推动京津冀地区公共服务和税收征管的一体化，设立京津冀地区财政委员会，负责统一管理和分配京津冀地区的专项转移支付，包括环境治理的转移支付，负责建立和健全区域内税收分享机制和财政转移支付机制。中央财政可将专项转移支付统一划拨给京津冀地区财政委员会管理。由京津冀地区财政委员会在区域内自行协商再分配方法，确保在区域内部最优化财政资源的使用。

二是开征环境税制。近年来，我国京津冀地区雾霾天气频发，建议京津冀地区在已经启动大气污染防治协作机制的基础上，加快推进环境保护费改税，并将其作为地方税种，充实地方财力，强化环境保护。

三是完善京津冀区域大气污染治理的公共财政体制与保障机制。要实现三地联动、区域一体化的财税政策协调，首先要突破的是公共财政体制与机制上的分割状态及多头治理，解决资源错配的弊端，合理划分政府环境保护事权与财权；设立地区环境治理基金，以财政投入为主，综合各方面的力量，共同支持区域内环境治理。改革完善环境保护投资体制机制；有效拓展环境保护投资渠道；调整完善环境保护专项资金制度；加强环境保护领域的制度创新和信贷支持；建立完善环境保护绩效评价制度。①

（2）统计制度的改革

统计制度之所以关键，是因为它的改革可以解决规划底数不清的问题。底数不清这个问题，其实困扰了很多地方政府决策，包括北京也一样面临这样的问题。

（3）绩效考核的改革

绩效改革解决的是 GDP 为中心的问题。优化开发区的绩效考核，一定要弱化 GDP，强化公共服务，强化老百姓的满意度，这是未来绩效考核一个非常重要的指挥棒。根据不同区域主体功能定位，严格实行差别化的考核。将资源消耗、环境损害、生态效益等生态治理指标纳入京津冀各地区经济社会发展评价体系，强化考核指标约束。健全自然资源资产产权和用途管制制度，对领导干部实行自然资源资产和环境离任审计，建立领导干部生态文明建设责任制、问责制和终身追究制。

一是构建基于功能分区的政绩考核制度，建议将京津冀区域作为一个整体，根据京津冀不同地区的发展现状、资源环境禀赋和发展潜力，进行主体功能划分，将京津冀西、北部划分为生态保护和生态产业发展区（覆盖承德、张家口），中部划分为优化调整区（覆盖北京、天津、廊坊、唐山），南部划分为制造业与耕作业区（覆盖石家庄、保定、沧州），东部划分为滨海临港产业发展区（覆盖秦皇岛、唐山、天津、沧州），逐步形成区域主体功能清晰，人口、资源、环境相协调，发展导向明确，开发秩序规范的区域发展格局。确定各个功能区

---

① 连玉明．京津冀协同发展的共赢之路［M］．北京：当代中国出版社，2015：368-371.

的发展定位、发展目标、发展原则、发展任务、发展重点和保障措施，分类指导区域发展，出台各类主体功能区适宜发展和不宜发展的产业目录，在此基础上构建基于功能分区的政绩考核制度。二是构建基于综合指标体系和多元评估主体的政绩考核制度。京津冀区域的政绩考核制度应在其主体功能区划分的基础上进行调整和完善，对生态涵养地区，构建以生态、绿色为主的考核体系；对优化调整地区，应重点考核其产业升级和发展质量；对重点开发地区，应重点考核其经济指标，同时也要考核其生态环境指标①。

（4）法律规制的完善

2015 年 4 月 30 日中共中央政治局召开会议审议通过了《京津冀协同发展规划纲要》，以《京津冀协同发展规划纲要》和《京津冀协同发展生态环保规划》为指导，《京津冀区域大气污染控制中长期规划》的编制工作已于 7 月正式启动，这意味着区域一体化大气污染防治的"顶层设计"已进入微观实施阶段，但反映在立法中尚需进一步规划设计，使其具有可操作性。尽管我国大气环境标准体系已相对完备，但是针对区域大气环境标准制定的法律规范仍存在诸多空白，尤其是区域一体化大气污染防治的立法设计尚付阙如。完善区域大气环境标准的法律规制应从如下两个方面入手：其一，进一步细化《大气污染防治法》对区域大气污染的法律规制《大气污染防治法》已由中华人民共和国第十二届全国人民代表大会常务委员会第十六次会议修订通过，自 2016 年 1 月 1 日起施行，修订后的《大气污染防治法》中也首次明确了有关重点区域大气污染联合防治的规定。但在对接京津冀区域大气污染防治的具体工作中仍需要进一步细化其总领性规定，与地方治理实际相结合，统筹三地大气环境标准体系的一体化进程。其二，进一步完善京津冀区域一体化大气污染防治法律体系。京津冀三地地方立法机关可采取先试先行，共同调研、协商、论证、起草和发布地方性法规的立法模式，制定效力范围适用于京津冀全境的区域性大气污染防治地方性法规，以保障京津冀一体化大气环境标准体系的实施与落实，为区域一体化大气环境标准体系的实际执行提供有利的法律保障与指引②。另外，探

---

① 叶堂林，等．京津冀协同发展的基础与路径［M］．北京：首都经济贸易大学，2015：77.

② 朱京安，路遥．京津冀区域一体化大气环境标准体系的法律完善［J］．科学·经济·社会，2016：77-83.

索建立以人为本的区域立法公众参与制度。

京津冀区域环境是个唇齿相依的整体，京津冀区域环境治理需要区域内各方的制度性的合作，任何一方孤立的环境治理在环境扩散性特征影响下都难以"独善其身"，可见，京津冀区域环境治理是个"一荣俱荣，一损俱损"的整体合作治理行为。建立一套环境合作治理的法律机制是京津冀区域环境治理的关键。

（二）环境跨界风险补偿制度

生态补偿机制是指调整保护和改善生态环境相关方利益关系的一系列行政、法律和经济手段的总和，主要是对生态补偿主体、补偿对象、补偿内容、补偿标准等做出制度性安排。其实质是利益调整，通过对生态建设和保护对各种利益关系进行协调，达到既保护好生态环境、又协调好利益相关者之间的关系①。

建立大气污染治理生态补偿机制是跨区域大气污染治理立法协调的必然要求。立法的协调首先要从本地实际发展情况出发，不同的区域人口、资源、经济发展等方面差异很大，又由于跨界大气污染防治需要规定统一的标准，通过区域生态补偿机制来消除不同区域的差异对大气污染治理造成的阻碍。建立跨区域生态补偿机制能够提高公众参与大气污染治理的积极性，有利于实现治理的可持续，同时通过完善大气立法协调机制，相互促进，不断发展。

1. 构建生态环境补偿的法律体系

生态环境补偿法律体系中最重要、最实际的应是立法模式的探索和选择。立法模式是对立法行为和活动的模式化设置。在立法活动中，立法模式并非是单一构造的，不同的立法模式体现着立法者的不同立法价值和立法行为的选择，科学合理的立法模式选择对于法律制度的创建和法制系统的运行具有不可忽视的重要作用。

根据《环境保护法》的基本理念，大气污染生态补偿机制的建立应遵循"谁开发谁保护、谁受益谁补偿、谁污染谁付费、谁保护谁得利"的原则。对大气污染生态的补偿可以通过多种方式进行，例如，政策层面、经济、实物、项目、技术等。对于重污染企业搬迁之后还要做好新址生产的后续工作，对可能

① 宁建军，刘颖秋. 京冀间流域生态环境补偿机制研究［J］. 宏观经济研究，2009：41-46.

受影响的地区和群众进行经济上的补偿，北京的重污染企业向周边地区搬迁时不仅要给予经济补偿，还由于其具有更加先进的环保技术，应当将技术成果与周边地区共享，共同推动大气污染协同治理的进程。

由于种种原因，至今我国在《环境保护法》中关于生态环境补偿方面的规定还不够具体明确，现有的地方法规和规章也存在着有适用地区范围不宽，征收对象、范围、标准不统一等弊端，且日益暴露出其与新形势下我国及国际生态环境管理要求的不适应性。因此，首先，我们应对现行的《环境保护法》做必要的修改，增设并完善生态环境补偿制度的相关内容，从整体上对环境和自然资源进行综合管理、保护、开发、利用，对环境进行整体的综合法律调整，强调环境生态功能的保护、恢复和整治。其次，可以颁布《生态环境补偿实施条例》，使这一制度以国家行政法规的形式确定下来。在条例中可以对生态环境补偿的目的、范围、方针、原则、重要措施、救济途径等做更加详细的规定。

2. 明确生态环境补偿相关问题

（1）补偿主体和补偿对象

生态环境补偿机制的主体是参与生态活动的各关系人，它包括两类：政府主体和市场主体。生态补偿机制的政府主体就是政府本身及各类相应的机构和组织。市场主体是生态补偿的微观实施主体，主要是指直接与生态资源发生关系的各关系人。

生态补偿根据补偿的对象不同，可以分为对环境功能丧失的补偿与对人的补偿。对环境功能丧失的补偿是一种狭义的生态补偿，是指被污染的环境、被破坏的生态系统。对人的补偿是一种广义的生态补偿，对其进行环保教育，提高其认识水平，对其进行经济补助提供生活帮助。

京津冀地区的大气污染问题具备区域外部性的特征，一方面，PM2.5 等大气污染物的排放约 25% 会扩散到 200km—300km 之外的区域，京津冀地区各地方政府可以根据污染物的扩散范围共同治理本地区的大气污染问题。另一方面，在京津冀地区缺乏充分的科学根据判断空气质量的"保护与受益"关系或"破坏与受损"关系。以河北省为例，河北省是污染源比较集中的地区，但是在较容易形成雾霾的东南风条件下，也是受京津污染扩散影响较严重的地区，需要中央财政承担部分补偿责任以协调地区间的利益关系。综上所述，京津冀地区应以北京市、天津市和河北省各地方政府为主要责任主体，中央政府为辅，形成治理大气污染的区域生态补偿机制。

（2）补偿的标准的设计

补偿标准应从直接投入和间接投入两方面来确定：首先是为保护生态环境而进行的直接投入的补偿标准的确定。这部分投入显而易见，也比较容易量化；其次是一个地区出于保护生态的需要，受到产业政策的严格限制不能发展某些产业所造成的损失，实质是该地区为保护生态环境而做出的特别牺牲。

根据补偿主体的不同，大气污染生态补偿机制分为纵向补偿和横向补偿两种。纵向补偿的主体是国务院和各级政府。政府以财政转移支付或者专项补助的方式对当地大气污染的治理予以补偿。纵向补偿体现了政府行政主导性的特点。横向补偿制度依照"谁受益谁付费"的原则，综合考虑地方经济发展水平、大气污染治理状况，要求那些从大气污染治理受益的企业支付合理的费用，本地企业到大气污染承载区投资合作进行间接的转移支付。

据研究，北京与河北减排边际成本悬殊，而河北省污染外部性又很大，是北京雾霾的主要原因，因此河北治理雾霾应该得到北京的利益补偿。然而如今利益补偿基本是以中央政府主导，地方政府间缺乏补偿动力。补偿形式基本是以中央财政转移支付为主，不仅没有长效补偿的体系构建，其资金补偿数量也缺乏科学有效的依据，从而导致徒有补偿之名，却远远不够治理所需的经济基础。另一个很大的问题是地方政府间缺乏必要的责任规范，导致跨区域问题没有分工负责，出现诸多污染治理争议。长期以来，造成跨行政区污染的肇事者及相关既得利益者并没有完全承担相应的责任，造成的损失由整个社会买单，而各自治理自己区域污染并不能有效防止跨区域污染投机和逐利行为。若推行北京与河北共同出资进行环境设施建设以及大气污染的整治，或者双方拿出一部分财政收入建立区域环境污染补偿基金，用于补偿河北为保护环境而付出的代价，则会使河北免除经济之忧能够更大限度整治环境，而北京环境也会从中受益。

资金补偿是一方面，想要根本扭转河北状况，还要北京与河北谋求更多补偿互助合作。而在现在这个阶段，正是北京与河北产业转型关键阶段，河北需要绿色发展和高新技术，而北京也需要相关配套产业链的建设和区域产业发展的用地空间，因此北京与河北在产业和生态上可以进行统筹合作，相互促进双方的经济健康发展与大气环境治理。① 2009 年，京冀共同启动了"京冀生态三年合作建设"项目。北京市出资 1.35 亿元，用于河北省环北京地区生态建设就是一个很好的尝试。

京津冀地区既需要在短期内改善区域空气质量，也需要建立长期有效的经济、社会与生态相协调的发展模式，所以需要兼顾直接补偿与间接补偿两种区域生态补偿方式。一方面，要发挥经济补偿的作用，以区域环保基金支持京津冀地区的大气污染治理工作，同时多方拓宽融资渠道，提高资金的使用效率。另一方面，要通过政策与技术补偿优化京津冀地区的产业与能源结构，中央政府应在全国范围内调整产业布局，考虑京津冀地区的环境承载力合理规划其产业结构；北京市和天津市应通过技术交流、优质产业转移等方式支持河北省在淘汰落后产能的同时，培育有利于区域整体发展的新的增长点。

总之，京津冀地区在构建区域生态补偿机制时，要以地区的大气污染治理成本为基础，通过中央政府与京津冀三地政府共同参与的协商机制，选取真实准确的成本核算指标和方法，设计出公平有效的补偿标准。具体来说，京津冀地区可以利用各地大气污染物去除成本的差异，在实现既定减排目标和区域整体去除成本最小的情况下，由节约去污成本的地区向承担额外去污成本的地区进行生态补偿。还可以通过计算产业和能源结构调整对就业等方面造成的负面影响，由中央政府、区域联合机构或受益地区向承担环境改善机会成本的地区给予一定的补偿，这一过程也需要各级政府的协调商议。

3. 健全区域大气污染的相关制度

从区域大气污染治理合作组织权力的本质来看，它行使的权力是自主权，从它的权力来源来看，是一种公权与私权的暗合，包括中央政府与省政府的授权、合作政府之间让渡的管辖权、社会权力以及组织内部权力等。一个重要的原因在于，我国区域大气污染合作治理没有写进法律，仅仅是一些政策性文件（2010 年的《关于推进大气污染联防联控工作改善区域空气质量的指导意见》、2013 年的《大气污染防治行动计划》与《国家环境保护"十二五"规划》），停留在工作层面上。因此，合作网络组织必须有坚实的法律保障，规范和理顺其权力关系，使其在科学化、民主化和法治化的轨道上运行。首先是建立与完

---

① 陈光. 基于京冀协作视角的北京市雾霾治理研究 [D]. 天津：天津财经大学，2014.

善相关法律。例如，2015 年 1 月 1 日正式施行的《新环保法》只是规定了符合条件的社会组织可以提起环境诉讼，而公民的环境诉讼权未列入其内。而美国1970 年颁布的《清洁空气法》就明确了公民诉讼条（Citizen Suits Provision），从联邦法律层面上确立了环境公民诉讼制度。其次是建立《跨区域合作法》，或者在《大气污染防治法》中把区域合作列为单节进行规定。具体而言，借鉴美国、欧盟的经典经验，从以下几个方面来设计：一是合作组织权力机构的组成人员必须有环保部行政人员、企业代表、公民代表等；二是区域地方政府间的利益纠纷由中央或省级政府的协调和仲裁（相当于网络仲裁者）；三是明确公权与私权的范围与边界，使其既要符合公权规范，又要增强其自主性；四是就环境保护首长的权力与责任、合作组织机构的归属、区域划分、统一的区域大气质量评价制度、资金和技术支持以及激励与惩罚等内容做明确规定。

4. 完善跨界生态利益补偿机制

长期以来河北省生态保护并没有得到合理的生态补偿，甚至补偿不合理，存在较大差异。比如，涿州市农民退耕还林得到的补偿款是 1 亩地 300 元，而北京地区农民得到的是 1500 元至 3000 元的补偿。生态环境的合理补偿是实现区域生态环境协同保护的必要条件，京津冀三方应根据机会均等、公平竞争、利益共享和适当补偿的原则，建立健全相应的生态利益平衡机制。一是建立顺畅的生态利益诉求机制，以保护获益较低的地区参与协同保护的积极性，确保各方都能充分地表达自身的生态利益诉求。二是建立合理的生态利益补偿机制，主要包括生态利益协商机制，生态利益补偿的测算及分摊机制，生态利益补偿资金筹集、使用和管理机制等，通过完善和科学设定生态利益补偿机制，形成具有鼓励协同保护，并使生态环境资本不断增值的长效机制，最终实现该区域生态环境协同保护的利益共享的长效机制，以完善协商合作中的利益分成和纠错机制，充分体现京津冀协同发展的性质和长效保障机制。

同时，建立完善生态环境协同保护的保障体系，借鉴欧盟协同治理大气污染，长三角、珠三角等区域一体化和环境协同保护的经验，从法律体系、行政体系等方面构建包括制度体系、责任承担、评价指标体系、预测、监测体系、纠错体系，补偿测算体系等在内的生态环境协同保护的保障体系。

总之，把政策补偿、资金补偿、实物补偿、对口协作、产业转移、人才培训、共建园区等多方面措施有机结合，探索建立对生态保护地区的多维长效补偿机制。一是要统筹生态补偿的顶层设计工作，完善区域内补偿资金筹集、调配、运作、管理和财政转移支付、税收等政策，建立生态补偿的相关法律法规，科学制定补偿要素、补偿依据、补偿支付模式、补偿范围等，明确区域生态补偿指标体系。二是要在加大财政转移支付力度的同时，尽快设立区域生态补偿专项资金。三是要坚持"谁受益谁补偿；谁污染谁付费"原则，建立区域横向生态补偿制度。四是要探索建立京津冀流域水环境补偿机制，建立流域性水资源使用权转让制度，推行跨域污染控制补偿机制。五是要通过有力的投资诱导政策和技术扶贫政策，鼓励京津清洁技术和生态型产业向河北转移扩散。六是要鼓励京津冀共建"飞地园区"，共享保护与发展成果。七是要注重对生态补偿实施情况进行评估，对生态补偿资金使用效益开展专项审计，相关结果应及时发布，接受公众监督。

（三）京津冀跨境环境风险协同治理的政策思考

在京津冀生态环境治理问题上三地政府应秉持相同指导思想，即在价值观念上，强调尊重自然、顺应自然、保护自然；在指导方针上，坚持保护优先、自然恢复为主；在实现路径上，着力推进绿色发展、循环发展、低碳发展；在时间跨度上，需要长期艰巨的建设过程。

1. 京津冀三地政府制定跨境协同治理政策

在协同发展政策的推动下，京津冀三地成为一个不可分割的整体，区域生态环境的治理不是任何一地政府能够解决的，需要区域内三地政府携起手来，协同治理，基本思路如下：

（1）政府、市场和社会协同发展

中央政府应根据京津冀区域经济发展的实际情况及生态环境现状、治理现状，剖析影响京津冀协同发展的阻力点，顶层设计出台助力京津冀协同发展的政策、法规，并严格推行，落实到位；协调组织京津冀政府部门从全局出发，合理布局重大工业项目，不能只是简单的产业转移，对污染源进行系统细分，提出相对应的改革措施，并在非常时期采用过渡性方案，逐步实现污染源控制及彻底治理；中央政府可设立京津冀协调发展争议仲裁机构，专门解决京津冀协调发展过程中的重大问题，制定科学的解决方案，并为京津冀协调发展积累经验；京津冀各地方政府积极引导市场淘汰落后产业，鼓励采用先进技术和设备改造传统产业，引进环保设备、清洁设备，对有利于环境友好发展举措给予政策扶持；发挥市场生态资源交易机制、生态补偿机制，单靠政府的力量毕竟有限，长远的发展还是需要市场的参与，引入市场机制，充分发挥市场作用，对环境污染问题进行产业化管理，实行谁污染谁付费制度；引导社会公众生活方式向绿色转型，完善并加大公共交通投入力度，鼓励社会公众采用公共交通出行，逐步减少机动车污染；充分发挥社会公众舆论监督作用，对空气质量指数实行实时监测，实时公布京津冀各地区空气质量和污染水平信息，让环保意识深入人心，共同推动环境污染的治理。

建立节能量、碳排放权、水权和排污权交易制度，深化交易试点。一是要加快推行合同能源管理、节能产品认证和能效标识管理。二是要加快水权交易试点，培育和规范区域水市场。进行跨区域水权的初次分配，明确流域内上下游区域的责权利。逐步形成政府宏观调控、各地区民主协商、准市场运作的运行模式。三是要推进排污权指标有偿分配使用制度，建立排污权二级市场和规范的交易平台，全面推行排污权交易试点。四是要鼓励社会资本通过招投标或 BOT、TOT、BLT、ABS 等特许经营方式投资、建设、运营环境污染治理设施，在城镇污水垃圾处理和工业园区污染集中治理等领域开展环境污染第三方治理试点。

（2）中央政府统一规划

中央政府建立京津冀区域环境质量标准制度，制定工业污染、机动车污染、家庭燃煤污染等控制标准，制定京津冀区域生态治理目标及生态评价标准，统一协调监管标准及检测标准，统一管理基础设施建设及生态补偿机制。对于重大的建设项目开展环境影响评价，获得环保部门批准后再施工。完善的标准制度促进京津冀区域环境治理措施能更快、更好地执行。

（3）区域污染治理联防联控机制

三地应经过磋商协同制定区域环境保护政策并建立信息共享机制；加快建立跨区域环境联合监察、交叉执法、环评会商、区域污染联控的工作机制，严格部门职权管理，充分发挥各职能部门的作用。由于天津和河北都属于沿海地区，东临渤海，因而还可以建立陆海统筹的海洋污染防治联动机制。

按照"规划、标准、监测、执法、评估、协调"六个统一的要求，统筹京津冀环境质量管理。一是要加快区域性环保立法。研究制定区域环境污染防治条例，加大政策整合力度，统一并完善地方环境标准体系，研究区域一体化的环境准入和退出机制。二是要建立信息共享机制，加强预警和应急能力。加快推行区域环境信息共享机制，建立跨界的大气、地表水、地下水和海域等环境预警协调联动机制，强化突发环境事件的应急响应机制。三是要加快建立跨区环境联合监察、跨界交叉执法、环评会商、区域污染联防联控的工作制度。四是要建立陆海统筹的海洋污染防治联动机制。做好海陆生产、生活和生态空间布局的统筹衔接。①

2. 京津冀建立跨境多元协作机制

多元协作机制，要求加强各方面的沟通。在这个信息爆炸的时代，部门之间的关系非常薄弱，如果没有共同目标的约束，各种不稳定因素就会渗透到组织当中，影响协作治理的效果。在多元协作体系内，部门之间能够打破职能界限，为了共同的利益相互联系。在生态环境资源治理方面，要加强纵向联系，还要加强横向联系，提高治理绩效。

（1）形成多层次的区域环境治理结构

在生态环境资源治理中，政府部门相互协作是不可缺少的，通过共同的协作组织，协调各部门之间的联系，充分发挥各部门能效，取得最大收益。在实际工作中，很多政府部门之间的联系通常属于横向联系，应该加强自上而下的纵向联系方式，这样才能提高治理效率。建立高效的协调能力，需要做到以下两点，第一，协作组自己有绝对的权威性，这样才能保证制度顺利实施，才能团结各部分的力量，进行协调治理。第二，协作治理方式一定要科学化、合理化，避免盲目造成损失。

其一，建立区域性环境管理协调机构。环境保护是世界发展趋势，中央政府应该建立一级行政行政管理部门，主管环境保护。我国最高级别的环境保护部门，隶属国务院领导的环保部，该部门下设了协调司，专门调节各级政府部门之间在环境治理方面的关系，具有交叉执法权。主要功能有以下几点：

第一，监督重点区域环境保护，同时制定整体环境保护规划，规范环境保护的法律法规和制度，处理重大环境污染问题。协调司属于仲裁机构，当地方政府因为环境问题造成冲突，使环境治理无法进行下去，或者发生重大环境污染事件时，该机构就出面进行调解，具有一定权威。另外，自上而下的环保部

---

① 郑秀杰. 京津冀生态环境治理策略［J］. 2016（8）：36-37.

门对当地的环境具有监督、审核权力，能够自行处理当地环境问题。环保部是中央政府环境保护总部门，下属各个级别的环境督查中心是其隶属部门，环保部权力下放，隶属部门具有自主权，能够自主处理辖区内的环境问题，并监督当地环境状况的变化。

第二，省际协调管理机构。除了环保部社里协调司进行调节外，还可以建立省际环境管理协调机构，对协调司起补充功能。例如，美国的 SCAQMD，就是典型的协调机构，工作重心是协调美国南海岸区域企业环境管理，包括保护空气质量、防止空气污染等。该机构具有独立的执法权，能够对任何破坏行为进行立法、处罚等，平时还通过各种技术手段对公众进行宣传教育。

近年来，我国也成立了不少省际协调管理机构，对区域内环境问题进行统筹管理，该机构是由不同职能部门的专业技术人员构成，分别在不同领域承担各自职能。

（2）通过网络构建多元化治理模式

政府部门为公众提供公共服务，要建设大量公共产品，就要花费巨资，这些资金来自纳税人收入，增加了纳税人的负担，政府部门可以在不影响公共产品功能的同时，通过这些公共产品寻求利益，如出租行为等，就能增加政府收入，减少纳税人负担。

随着世界经济全球一体化程度的增高，世界各国的联系越来越紧密，先进的科学文化之间的交流更加密切，政府部门也不能裹足不前，对先进的经验和技术充耳不闻，更不应该闭门造车。所以政府部门要吸取在公共治理领域的国内外先进的理论技术，积极主动的和同行业进行对话与学习，吸取他人先进经验，弥补自己的不足，还要勇于创新，构建先进的管理模式。同时还要加强公众对行政事务的参与监督，环境保护是全人类的事，除了政府部门努力外，社会的每一个人都应该积极参与。区域环境治理涉及的范围很多，无论是个人、政府还是企业，只有在一个良好健康的环境中，才能谋求发展与繁荣。

首先，环境治理需要多方努力，政府部门起带头作用，公众参与是必要的补充。现阶段，跨区域环境治理需要各地政府部门牺牲一定的利益，但是在整个区域中，环境问题是所有人的问题，只有保护环境才能实现最大利益。所以应该通过报刊杂志、网络、媒体等，加强对环境的宣传，呼吁所有人都参与到环境保护中来，对企业加强管理和监督力度，对任何违反环境保护的行为都要严惩，推动区域内环境保护工作顺利进行。加强公众参与的途径很多，主要有：第一，开通热线电话，欢迎随时随地的监督举报；第二，通过媒体和网络等，定期曝光环境状况，公众能够根据这些状况一一对应，一旦出现不符就可以曝光；第三，推举部分公众参与政府管理，虚心听取公众意见，采纳合理意见。

其次，发挥多元主体力量。地方政府工作离不开其他团体的支持和帮助，只有凝聚社会各界人士的力量，才能发挥出政府工作的优势。所以现阶段跨区域环境协调治理要走多元化途径，调动社会各阶层人士的积极性，共同参与到环境治理中来。比如，各地的大学机构，能够为环境协调治理提供理论和技术的支持，金融精英、各个企业能够为协调治理谋划更多资金，普通公众也能够为环境治理出一份力。这样在很大程度上就减少了政府部门的工作强度，推动了环境治理工作的快速发展。政府部门还可以和民营机构合作，在互惠互利的基础上共同发展。

京津冀跨境协作政策要不断完善。政府部门之间的协作工作比较艰巨，这种协作要解决政治、经济、文化等方面的问题，建立起整体性策略，对于整个区域内的公共事务进行综合管理。这种协作机制首先要打破各自为政的思想观念，建立起互惠互利、共同发展的新理念，同时制定共同的战略发展目标，集中优势力量，解决在自然生态环境资源方面的问题。协作机制运行的前提是参与多方都要达成共识，如果不能达成共识，就难以建立共同的目标，合作只能流于形式。

环境治理是一个综合问题，单靠某一个行业或单位的力量，只能是杯水车薪，无法实现有效的控制，只有多方合作，通过整体性治理，才能实现生态环境的保护。

3. 不断健全协调政策

只有健全协调政策，才能保证协调工作顺利开展。

（1）不断完善利益补偿政策

互惠互利是协作治理的前提，只有共同的利益，才能调动参与各方的积极性，既能保护环境，又能合理利用环境创造财富。

（2）不断强化监控政策

环境治理是一个博弈过程，保护环境和破坏环境之间此消彼长，只有加强监督机制，才能让环境真正地得到保护。打通沟通交流机制。跨区域进行共同管理，各个区域之间存在着政治、文化、经济的差异，只有加强沟通机制，让参与方多进行交流，了解对方的愿望，才能达成真正的协作共识。虽然现在网络技术日新月异，跨区域治理中的参与各方在网络环境中并不是真正的接触，再加上网络环境是虚拟的，这种沟通的效果比较差。参与各方应该通过会议等方式进行沟通，如每月召开一次例会，讨论当前环境治理问题，或者对环境污染事件进行跟踪调查，了解其中的原因，并找出解决的方法。

（3）实施一致的环保政策

《环境保护法》第二十条规定："国家建立跨行政区域的重点区域、流域环境污染和生态破坏联合防治协调机制，实行统一规划、统一标准、统一监测、统一的防治措施。"京津冀三地政府应整合各方面力量、技术和手段对该区域进行全面考察，衡量该区域的环境治理水平，并以此为依据在该区域内建立统一的政策规划，保证政策框架的统一和完整。我国 2014 年已开始实施《京津冀及周边地区落实大气污染防治行动计划实施细则》，但是相比长三角和珠三角地区，京津冀地区统一的环保准则依然不达标。长三角和泛珠三角地区在 21 世纪前十年，积极探索了区域环境治理，实施了一系列规章制度，京津冀地区应积极借鉴这两个地区的先进经验。

第一，区域政策资源的共享和整合。信息不对称造成区域统一环保政策科学性低，执行力下降，导致资源浪费。因此，政府应该完善信息传递和共享机制，建立区域性信息服务中心，实现信息快速、准确传递，保障政策研究共同发展。实现资源共享，主动实现交流与互动，同时通过各种合作项目营造一种开放、自由的学术氛围。这是制定统一的环保政策的前提和基础。

第二，制定和实施统一的环境标准，对违反环境标准的企业和团体提出警告，并给予一定程度的警告和处罚，情节严重者还要追究其法律责任。以京津冀雾霾治理为例，严格实施《京津冀及周边地区落实大气污染防治行动计划实施细则》，按照政策要求和标准限制相关企业的排放量，并且对实施情况进行监督，实行有效的奖惩措施。另外，在官员的考核机制上，三地政府都要统一弱化经济指标的强势地位，强化环境治理能力和效益在考核中的作用，使官员有动力去制定和实施环保政策。

(4) 要有一定的协作文化

文化是地域经济形态、人文发展形成的结果，它代表了这一区域内人的价值观和人生观。每一个区域都会形成独特的文化，组织内的成员正是在这文化氛围的凝聚下，团结协作，谋求发展。不同行政区域之间的协同治理，不仅要求地方政府相互配合，更要形成良好的协作文化，只有这样才能增强凝聚力，提高整体性治理的效果。早在 20 世纪初，美国就提出了战略联盟理论，随着经济的发展，战略联盟越来越得到学术界和经济界的重视，但对战略联盟的定义，目前分歧很大，虽然这一术语得到了广泛运用，但是仍没有得到统一的概念界定。在企业管理理论中，战略联盟通常指的是多个企业之间根据利益关系进行合作，每一个企业是独立的，战略目标和利益目标各不相同，但是为了共同的利益目标进行协作发展。战略联盟有以下特点：个体具有独立性，追求公共利益，公共部分相互协作，个体做出部分牺牲，保持共同发展。战略联盟理论需要各个要素或者系统之间进行密切的配合。京津冀地区生态环境资源一体化，实质上就建立起了一个战略联盟共同体，这就要求各地政府围绕着这一共同体，设立公共目标，进行战略合作，把实现生态环境资源合理开发、利用、保护，当作共同的目标，同时还要构建公共管理的思维、制度以及协作文化。每一个行政区域政府部门不仅要更新观念、看法和习惯，还要加强协作学习，提高区域间的信息沟通，只有这样才能提高生态资源环境保护的效率。

①确立共同价值

不同行政区域地方政府之间的协同合作，能够加强企业间的文化融合，能够更新人们的思想观念，建立共同的价值观。通过区域合作文化，加强公众的公共意识，凝聚公众的力量，减少不确定性因素，实现共同价值。

②寻求共同利益

任何协同合作的前提都是为了追求共同利益，地方政府之间的协同合作也不例外。在谋求共同利益的基础上，加强政府部门之间的合作，实现利益最优化。当合作目标稳定，方法得当，单个的合作参与者才能实现互惠互利。现阶段通过网络进行合作是一个简捷有效的方法，网络具有速度快、时间短、效率高的特点，不同的政府部门通过网络进行信息传递，然后实现共同管理。部门之间的战略合作是一项长期的艰巨的任务，也是发展趋势，虽然在合作初期有可能出现某些障碍，但在追求共同利益的基础上，不断进行磨合，合作道路将越走越广阔。

③营造府际资本

构建社会资本是进行合作的前提，社会资本受各种非制度化因素的影响，只有加强人与人之间的信任，规范合作制度，建立社会网络监督机制，才能保障社会资本可持续发展。同时搭建协作文化，凝聚公众力量，创造出共同的文化价值观，才能科学有效地对公共事务进行治理。在对生态资源环境进行治理中，要降低管理成本，实现智力资源优化，就要规范各种行为和法律法规，加强对个体的约束力，建立起有用的府际资本。通过府际资本的营造，能够建立起有效的协调管理机制，增强协作者之间的信任关系，调动地方政府合作的积极性和主动性。府际资本还包括各种奖罚措施，根据协同合作的成果，对于合作中的关系进行奖励和惩罚，同时责任到人，降低机会主义行为的发生。

（四）京津冀跨境环境风险治理的技术支持

区域环境治理离不开先进的科学技术，优化各种管理技术，才能对生态环境进行科学的治理。无论是跨区域协作治理，还是生态环境领域的治理，都离不开科学技术，现阶段，网络技术成为各个领域最为追捧的技术。网络技术更新了人们的观念，改变了人们的生活生产方式，促进了各行各业的改革，政府部门也不例外，纷纷采用先进的信息技术进行行政治理。从20世纪90年代起，互联网改革如火如荼进行，迅速地席卷了全球，电子政务成了时尚的话题。通过互联网技术，能够加快政府部门上下级之间的信息传递和共享，也能横向的加强政府之间的联系。各行各业都在发生着变化，量变的同时必然会引起质变，这就是信息技术的强悍之处。

协作治理机制离不开先进的信息技术，通过互联网建立起有效的信息沟通渠道，让各个政府部门之间能够信息共享，信息也能够实现真实、及时、完整地传递，同时还能大大降低政府的管理成本。信息技术引入协作治理机制，能够让公众随时随地、更加清晰地看到政府行为，能够进行全面监督。在政府主体之间，构建统一的公共服务网，建立政府工作平台，公众就可以通过这个平台，了解公共信息，监督政府的公共服务。政府部门也可以通过这个平台，宣传先进的生态环境治理理念，发布各种政策，展示政府工作内容，让公众能更详细地了解和支持政府工作。不同行政区域的政府部门，还可以通过互联网进行沟通交流，加强彼此间的合作，为公众提供更好的公共服务。

现阶段构建我国政府信息共享平台，首先，把不同政府阶层的资源进行整合；其次，打破机关单位各自为政的状况，把机关单位信息加以整合；最后，统一进行政府网站管理。这样就能实现自上而下政府部门统一的网络管理。

目前，美国和新加坡已经建立起了单一政府入口网站，通过该网站，能够对政府事务进行统一整合管理。单一政府入口网站内容庞大，涉及的范围很广，是对于各种政府信息的整合利用，这就需要强大的信息技术，目前我国还难以达到这种技术要求。现阶段我国政府信息建设的当务之急是要统一技术标准，这样就能让不同区域内的政府信息实现共享。如使用统一的格式，任何信息都能在不同的网站之间顺利传递，能够顺利地进行数据分析，分析结果还是可以实现政府间共享。同时还要加强对不同行政区域内生态环境资源的整合，实现通报制度，及时地在网站上公布违规企业的名单，让破坏环境的行为无处躲藏。

1. 建立京津冀联防联控工作机制

（1）签订联防联控协议

京津冀地方政府签订和建立一个具有约束力的治理生态环境污染源的联防联控协议是联防联控工作顺利开展的前提。联防联控协议的主要内容应包括：第一，明确联防联控工作的组织机构设置、职责、权限和人员编制；第二，明确联防联控的治理区域和任务；第三，明确指导思想和工作目标；第四，建立切实可行的运行机制和规章制度。联防联控工作行政协议具有强有力的约束力，京津冀地方政府在统一的协议授权框架内开展工作，地区政府必须从京津冀地区生态环境保护的利益最大化出发采取行动，行使联防联控权力，履行联防联控义务，承担污染行为产生的各种连带责任。

（2）建立联防联控组织机构

加强京津冀生态环境保护跨区域的组织协调，创新管理模式，构建京津冀联防联控工作机制，实行一体化管理工作机构是落实和搞好生态环境治理工作的重要保障。根据联防联控授权内容，组建京津冀联防联控工作机构，并在建立组织机构上力争做到"三落实、三明确"。"三落实"主要指：一是组织落实。成立由国务院、环境保护部与京津冀省级政府内组成的京津冀一体化治理生态环境污染联防联控工作委员会，或国务院、环境保护部与京津冀省级政府内组成的京津冀一体化治理生态环境污染联防联控工作领导小组，在京津冀设立各省市县联防联控委员分会或联防联控工作领导小组，并下设联防联控工作办公室。二是人员落实。京津冀各级联防联控人员的组成，应由环境保护部门或者相关部门的主管领导参加的地方环保局及相关部门组成，负责处理日常工作。三是经费落实。各省市县联防联控委员分会或联防联控工作领导小组的办公经费必须由政府保障，确保治理工作的开展。

"三明确"主要指的是：一是明确"委员会"或"领导小组"权限。联防联控组织机构有特殊的治理污染的专项管理权责，能够直接调动相关部门和企业力量，采取统一治理保护行动。二是明确工作人员的责任。明确职责范围、服务标准、制定奖惩制度，确实提高工作人员的政策水平、执法能力和服务水平，敦促和监督相关各省市在达成共识的基础上，协同开展相关工作。三是明确治理目标和任务。明确防控重点，准确找到区域地下水资源、地上沙尘暴、天上大气污染的源头；能够有效地设计治理生态环境保护目标，有针对性地提出治理措施，确实推动联防联控生态保护工作的开展。

（3）建立联防联控运行机制

建立和形成有效的运行机制是京津冀联防联控工作开展的重要保障。特别是大气污染治理，由于大气具有流动性，大气污染依靠地方政府的单打独斗无法从根本上解决区域性灰霾问题，区域联防联控是国家层面一直在推行的治疗措施，需进一步加强。按照国家大气污染防治规划实施细则的要求，着眼京津冀跨区域生态环境污染综合整治和联防联控工作的未来发展，京津冀联防联控工作应建立健全七项机制具体内容如下。

①建立统一规划

京津冀建立统一规划机制，搞好顶层设计，能够有效地促进京津冀生态环境治理和保护工作开展。着眼京津冀一体化未来发展，要打破自家"一亩三分地"的思维定式，抱成团朝着顶层设计的目标一起做。从京津冀生态环境污染的现状出发，针对污染源形成的原因，认真制定联防联控治理污染发展规划和发展战略、设计治理目标、明确治理任务、突出治理重点，制定区域治理措施，搞好京津冀联防联控层顶层设计，在一张图上共同规划京津冀的发展前景。提出科学合理、细致全面的规划文本，这个共识形成的规划文本，将成为治理地下水资源、地上沙尘暴、天上大气污染联防联控机制的指导性蓝本。

②建立统一监测

建立京津冀生态环境污染监测点位，构建科学观测网络体系，实现对京津冀区域生态环境污染的实时综合监控与研究。建立京津冀独立于省级和市级监测网络的监测点位和联防联控区观测网络体系。可以依托现有地区环境空气质量监测网，收集各种信息，同时采用独立站点所获得的数据能够更加公平公正的反映客观情况，以此为标尺衡量区域大气污染监测的标准。例如，京津冀在省市边界设立协调控制站点，布设监测站点，对沙尘暴、水资源、大气复合污染进行监测，进一步搞清楚京津冀如何相互影响，有针对性地减排。构建京津冀区域污染控制技术体系，成立精明强干的专业技术队伍，开发污染源头监测和污染过程控制的新技术，并探索京津冀区域环境污染的协同控制技术和协同监测机制。

③建立统一监管

建立完善生态环境保护监管机制，实施沙尘暴、水资源、大气复合污染源的综合治理和监管。京津冀联防联控办公室要建立联合执法和监管机制，并行使跨区域管理权，按照国家法律、法规，有关生态环境治理标准，加强跨区域监管。同时，协调地方政府实施生态环境修复和保护工程，定期、不定期开展跨区域执法大检查，监督、监测单位和企业生产、经营全过程，发现问题，及时解决。严格治理标准，确保联防联控监管工作的顺利进行。

④建立统一评估

建立统一评估机制是从根本上保护生态环境，从源头治理沙尘暴、水资源、大气污染的重要举措。建立京津冀统一评估机制，有利于扎实做好沙尘暴、水资源、大气污染防治工作。明确京津冀联防联控办公室的评估主体职责。坚持协调管理、分级负责的原则。根据评估程序，依据国家有关生态环境治理标准，对京津冀高污染和高能耗产业进行评估，提出关、停、并、转处理意见。对京津冀相关引进项目进行科学论证和评估，不符合绿色产业项目坚决不能引进，符合京津冀产业调整的产业才能够引进。对重大污染源进行风险预测和评估，并建议有关部门早日采取措施。对煤矿、铁矿等有关企业生产进行评估，特别是要加强对尾矿库的监管和评估，消除不安全和不稳定环境污染因素，确实发挥评估机制在治理污染中的作用，推动治理工作的开展。

⑤建立预警联动

建立京津冀沙尘暴、水资源、大气重污染应急预警联动机制，逐步构建和形成京津冀跨区域的规范化污染预警体系。京津冀联防联控治理工作要注重三种机制建设：一是建立信息处理机制。有效整合气象、环保、卫生等资源，实现各部门优势最大化，最终建立起集空气质量监测、数据分析及客观预报、空气污染预警信息发布。二是建立预警机制。针对信息发布，进行处理，启动应急预案。三是要建立区域重污染预警应急响应机制，预测到将发生区域空气重污染时，积极会商、统一启动、联合应对。四是定期开展预案演练活动，通过演练检查预案的不足，及时对预案进行修改完善。京津冀应对重污染天气提供应急预案行动方案和可靠的技术保障。

⑥建立联合巡查

建立京津冀联合巡查机制有利于加大联合执法力度。在联防联控工作开展中，因为涉及不同地区、不同部门，所以联合巡查执法是一种常态性的制度。建立联合巡查，有助于发现破坏生态环境、土地非法占用等违法、违规行为。对非法偷排、超标排放等违规行为，做到早发现、早制止、早查处，将问题消除在萌芽状态。同时要加大执法力度，要开展地方联合执法，组织开展京津冀区域内污染源的检查监测等同步执法行动。定期召开治理污染工作会议，总结工作、通报治理情况，明确近期工作任务，为顺利开展联防联控工作搭建交流平台，夯实联防联控工作机制的基础。

⑦建立联合控制

建立京津冀联合控制，有利于对污染源进行动态的控制。在京津冀联防联控工作中，协同地方政府，要加强对污染源的控制，特别是对地区尾矿扬沙污染控制、污水排放控制、机动车尾气污染控制、燃煤污染控制等污染源的控制。同时要根据气象条件和污染情况，采取关、停、并、转等有效措施，加大对污染源进行动态控制，积极探索和建立大气污染多行业、多污染物协同控制技术和控制机制，确保联防联控取工作得预期效果。为京津冀地区联防联控机制的推行提供良好运行保障。

2. 实施科学的京津冀地区人口调控及优化政策

北京作为首都应着力舒缓地区人口不断增长与资源环境之间的矛盾。北京是我国的政治中心和文化中心，同时集合多项城市功能、产业结构和空间布局。产业项目需要大量的人口支撑，进城务工的人群也会自发地选择产业项目多、就业机会大的城市，从而形成了首都人口密集增长的局面。同时，人口的增长又反向促进城市功能的增加，从而出现"城市功能—人口—城市功能"的非良性循环增长。

对于已经具备多重中心职能的北京而言，这种非良性循环增长之下的人口增长，必将造成与城市环境资源之间的严重矛盾。一方面，北京人口增长超出预测，城市规划严重滞后，造成环境资源分配出现滞后，无法有效承载人口的急剧增长，从而形成严重的城市问题。另一方面，产业的集聚也造成了"摊煎饼"式的城市病，由此带来大气污染等环境问题。

为舒缓人口增长与环境资源之间的矛盾，北京应抓住问题根源，在三个"十条"基础上，在不改变原本城市功能的情况下，结合工信部和京津冀等地下发的《京津冀产业转移指南》的要求，分散产业项目，实现产业转移，优化城市产业结构和空间布局，将部分产业项目转移到京津冀区域内的周边城市。产业结构的调整与产业项目的外移，将在一定程度上转移分散首都的过多人口，舒缓因人口聚集而导致的环境问题。到2020年，北京中心城人口密度要下降15%，这是目前北京市委市政府的重要任务，为什么压力大？因为中心城人口密度一直在增加，因为公共服务没有出去，很多就业岗位没有出去，就业单位没有出去。一些数据说明，在中心城区社会团体的单位数量还在增加，所以《京津冀协同发展规划纲要》指出，严禁中心城区的社会组织审批。就业单位在，就业机会就在，就业人口就得来，非就业人口连带着也要来，因为公共服务的拉力远远超出推力。

除去产业聚集带来的人口聚集因素，影响人口规模的因素较多，涉及城市定位、经济政策、行政管理、城市规划、法律干预等多种因素，因此，人口规模的调控也需要多种手段并用，各种手段之间有机配合才能达到目的。世界先进国家城市人口调控的实践也证明了这一论断。那种急功近利、拔苗助长的办法从长远看只能导致不良的后果。对于尤其是首都人口增速及规模的调控，也必须从经济、规划、行政、法律手段并用。此外，首都人口规模的调节，不能各自为政、孤立解决，必须放在京津冀一体化的大框架下协调解决。具体手段有以下几点。

（1）以京津冀基本公共服务均等化为原则

完善社会保障制度，逐步减少京津冀内部大城市与中小城市之间、城乡之间的巨大落差。京津冀三地区域一体，资源相依，生产要素难以分割，劳动力在城市群之间的流动已经非常活跃，但是与劳动力紧密相关的社会保障在不同行政区之间流转却困难重重，给三地的持续健康发展带来了诸多的障碍，亟待解决相关社会保障在城市群内部流转不通的问题。短期内，对于首都这个超大城市，应继续发挥户籍在人口调控中的作用，应长期致力于京津冀地区户籍改革，消除城乡二元化产生的根源，并逐渐剥离附着在大城市户籍之上的优厚资源。通过积极推进京津冀基本公共服务均等化，逐渐降低首都对外来人口的吸引力，从而实现城市人口规模合理化。

（2）以推动京津冀城镇化深度发展为目的

根据全国城镇化发展的宏观背景判断，京津冀城市群作为未来吸纳新增城镇人口的重点地区之一，未来城镇人口的规模还会有较大幅度的增长，城市空间还需要进一步拓展。因此，必须以国家新型城镇化规划为指导，科学研究城市用地拓展规模与新吸纳人口规模相匹配的路子，彻底改变以往我国城镇用地规模的扩张速度大于人口规模增长速度的现象，扭转城镇化粗放式态势，实现城市新增用地规模与新吸纳人口规模相匹配。同时，加强京津冀三地之间市政管理的统筹衔接，促进相关市政基础设施之间的共建、共享。

（3）以建立京津冀人口流动信息交流平台为手段

针对京津冀超大城市的人口调控，应建立京津冀人口流动信息交流监测平台，实时交流三地人口流动信息，并对人口调控政策实施的效果进行监测。同时，还应对区域、企业、政府等各方政策执行力度、执行效果配套一系列的奖惩措施，从而将京津冀区域内人口调控作为一项长期稳固的机制固定下来。借助现代化的信息平台，实现高效率的人口管理是现代化城市管理的需要。

在建立流动人口信息平台方面可以考虑以下几点：建立京津冀统一的以流动人口、出租房屋、社会单位信息为核心，包括经济指标、就业指标、政策法规信息，涵盖治安、计生、劳动、教育、卫生、税收等与流动人口、出租房屋相关的业务信息资源体系，做到"人口清、房屋清、单位清"。建立面向京津冀的统一的数据交换平台，向京津冀整个区域相关领导、相关部门、社会公众提供共享信息和交换数据；为了节约资源，流动人口信息平台还可以依托京津冀三地的电子政务平台，建立覆盖市—区—街道—社区（村）的四级流动人口网络体系，实现流动人口管理与服务的网络化；建立京津冀统一的流动人口网络管理中心、信息存储中心、应用控制中心、安全管理中心，实现京津冀流动人口的统一管理、统一维护、统一数据存储、统一安全管理。

开发建立包括信息管理系统、业务应用系统、决策支持系统、公共服务系统在内的流动人口服务管理应用体系。面向流动人口建立信息资源体系的信息采集、维护、管理应用系统；建立面向市—区—街道—社区（村）四级服务与管理的流动人口出租房屋业务应用系统，实现京津冀流动人口出租房屋与服务的信息化、流程化、规范化；建立面向京津冀各级领导的决策支持系统，利用经济指标分析、业务指标分析、数模趋势分析、数据挖掘分析等方法，通过图表、地理信息系统提供直观、准确的决策支持数据；面向流动人口、房屋业主、用人单位、社会服务机构建立公共服务系统，通过流动人口网站、"一站式"服务大厅、流动服务车等方式，向社会公众提供政务公开、政策咨询、网上受理、"一站式"全程服务、上门服务等服务内容。

（4）以成立京津冀综合协调机构为抓手

人口管理调控涉及面广，需要有一个综合协调部门承担这一工作，可以考虑该机构由北京市、天津市、河北省三地政府牵头，中央及国务院各部委、驻京部队及三地发改委、规划委、建委、编委、计生委和人事、劳动、公安、民政、教育、财政等部门参加。办公室可设在具有宏观调控职能的委、办、局内。该机构的主要职能：一是制定京津冀人口发展的长期规划和短期目标，制定每年三地人口指标分配方案，并将其纳入京津冀经济和社会发展计划。二是根据三地人才发展需要和户籍制度改革的要求，引导人口在区域内的合理分布，协调和检查各部门落户指标的使用情况，实行户籍人口迁入的"一支笔"审批制度。三是建立京津冀人口规模调控研究的长效机制，通过建立利用人口动态信息系统，实时监测京津冀人口状况，通报有关人口信息动态，推进人口信息化建设，为政府决策提供准确的人口信息。

第五章

相关热点问题：首都背街小巷环境治理研究

第一节　首都背街小巷环境治理背景及相关概念界定

一、背景

习近平总书记在视察北京时强调"既管好主干道、大街区，又治理好每个社区、每条小街小巷小胡同"。北京市高度重视，2017 年 4 月，北京市发布《首都核心区背街小巷环境整治提升三年（2017—2019 年）行动方案》，并提出了"十无一创建"的具体要求，计划用三年时间对 2435 条背街小巷实施整治提升。背街小巷环境整治提升工作是衡量城市管理精细化程度的重要标尺，也是一项重要的民生工程，需要利益相关的多元主体共同思考与参与。

北京市疏解整治促提升专项行动开展以来，总体进展顺利，背街小巷治理也取得明显成效，得到了广大市民普遍认可和支持。2018 年，北京市已完成 1141 条背街小巷环境整治提升工作，其中核心区完成 615 条（东城区 300 条、西城区 315 条），中心城区及通州区完成 526 条（朝阳区 336 条、海淀区 68 条、丰台区 66 条、石景山区 21 条、通州区 35 条）。背街小巷是城市的毛细血管，更是涉及社区千家万户利益的工作。背街小巷环境治理单靠政府治理不好，也治理不了。必须以群众的意愿为基础，依靠群众，才能取得成效。因此，要推进背街小巷环境治理必须建立并深化多元共治的社会协同模式。北京市《城六区及通州区 2018 年背街小巷环境整治提升和深化文明创建工作方案》中明确提出，通过加强组织领导，明确各方责任，以问题为导向，全面推行"街巷长"

机制和建立"小巷管家"队伍，建立多元共治的良好工作格局，形成背街小巷环境治理的长效格局。

因此，本研究从社会协同视角对北京市背街小巷环境治理进行研究探讨，在理论层面，运用协同治理理论、善治理论和社会资本理论对北京市背街小巷环境治理中的社会协同问题进行深入的分析，深化对背街小巷治理实践的理论认识。在实践层面，对北京市背街小巷环境治理的实践案例的主体协同关系结构进行理论分析和效果测评，可以为是否继续实行，是否继续保持和优化街巷长制，是否在副中心和其他地区推广提供参考。

二、核心概念界定

（一）治理

20 世纪 90 年代以来，社会治理理论在西方国家兴起，业已成为实现国家法律统治与社会公共管理相结合的一种重要理念。有研究者早已指出，"宽泛而富有弹性的治理理论的'最初含义'从一开始就不甚清晰，一旦清晰则又往往有失全面。考虑到治理理论兴起的复杂起因，以及治理要应对的多种复杂情景，治理的概念必须是宽泛的；但在治理理论的不同表述中却包含着明晰的论点。"（王诗宗，2009），格里·斯托克（Gerry Stoker）认为，治理是统治方式的一种新发展，公私部门之间和各公私部门内部的界限均趋于模糊。全球治理委员会1995 年在研究报告《我们的全球伙伴关系》中指出，治理是各种公共的或私人的个人和机构管理其共同事务的诸多方式的总和。它是使相互冲突的或不同的利益得以调和并且采取联合行动的持续的过程。这既包括有权迫使人们服从的正式的制度和规则，也包括各种人们同意或以为符合其利益的非正式的制度安排。治理不是一整套规则，也不是一种活动，而是一个过程；治理过程的基础不是控制，而是协调；治理既涉及公共部门，也包括私人部门；治理不是一种正式的制度，而是持续的互动。罗茨（Robert Roots）还曾归纳了治理的六种形态，即作为最小国家的治理、作为公司管理的治理、作为新公共管理的治理、作为"善治"的治理、作为社会—控制系统的治理和作为自组织网络的治理。治理的定义尽管多种多样，但它们的基本理念是相同的，即治理被定义为一系列活动领域里的管理机制，管理活动的主体未必是政府。治理的本质在于，统治机制并不依靠政府的权威或制裁。治理不同于统治，治理活动虽未得到正式授权，但也无须依靠国家的强制力量来发挥效用。近年来，随着人们对治理认识的不断加深，越来越多的人热衷以治理机制来应对市场和国家协调的失败。作为社会—控制体系的治理，它指的是政府与民间、公共部门与私人部门之间的合作与互动。在这种互动活动中，政府和各种社会自治组织之间通过信息的交流和利益的互动，最终便形成自主自治的网络。

（二）社会协同

党的十六届四中全会《决定》将和谐社会建设与市场经济建设、民主政治建设、先进文化建设并列成为中国发展战略的重要组成部分，并在要求深入研究社会管理规律，完善社会管理体系和政策法规，整合社会管理资源的基础上，第一次明确提出了建立健全党委领导、政府负责、社会协同、公众参与的社会管理格局。2011 年 2 月 19 日，胡锦涛又发表重要讲话要求完善这一社会管理格局。党的十八大报告则在进一步阐明当代中国加强社会建设的新概念，提出在改善民生和创新管理中加强社会建设，明确将社会体制改革、加强和创新社会管理纳入社会建设范畴的同时，还要求"加快形成党委领导、政府负责、社会协同公众参与、法治保障的社会管理体制"，这既是对传统"社会管理格局"内涵的丰富，也是对中国特色社会主义社会管理体系的进一步完善。

什么是社会管理体制中的社会协同呢？一种观点认为就是指"社会组织要承担起协同党和政府进行社会管理的功能"（青连斌，2005）。还有观点认为是指"公民社会与国家的协同发展"（顾昕、王旭、严洁，2006），即通过强化社团组织的自主性，提高民间组织的能力，从而形成一个国家行政能力强大、社会组织富有活力的新局面。孙秀艳（2011）在指出当前中国"社会协同"之"社会"与西方发达国家不完全等同的基础上，认为就中国目前的实际情况而言，所谓社会协同，就是要发挥各类社会主体的作用，整合社会管理资源，积极建立政府调控机制同社会协同机制互联、政府行政功能同社会自治功能互补、政府管理力量与社会调解力量互动的社会管理网络。她还进一步阐释了社会的内涵，即各类企事业单位以其社会管理和服务职责成为社会协同的一份重要力量；各类社会组织理应成为社会协同当仁不让的核心力量；人民团体参与社会管理和公共服务是社会协同的引导力量；基层群众组织是社会协同成为现实的基础力量。以上定义都侧重强调了"社会"一方，这无疑是正确的，但却较少论及"协同"这个核心。

协同在汉语中的基本意义包括：谐调一致、和合共同；团结统一；协助、会同；指互相配合。显然，协同包含了协助、协作的意思，但是协助、协作都只是表达了一种行动意义上单一的意思，而协同则不然。它在英语中对应的是"coordinate"词，柯林斯英汉双解大词典对其的解释是：如果两个或两个以上组织或者集团能够产生协同作用，那么它们一起工作将比单打独斗取得更大成功。21世纪大英汉词典则将协同（synergy）直接解释为：（协同作用产生的）增效，增大效应。因此，协同就是协调两个或两个以上的不同资源或者个体，一致地完成某一目标的过程或能力，同时实现一加一大于二的效果。而结合当前中国社会现实，所谓社会协同应是指：通过社会力量协助政府或与政府协作进行社会治理，从而实现更好的治理功效，促进社会既充满活力又和谐有序。

（三）城市街道及背街小巷

1. 城市街道

"街道（street）是在城市范围内，所有区间或道路两侧的各种各样的建筑物，设有人行道路和市政公用设施的道路。"这是《道路工程术语标准》（GBJ124—88）对街道的定义，它强调的是街道的物理空间，而本文笔者更倾向于另一种定义。

"街道是城市基本的线性开放空间，是以两侧的建筑物为界定，由内部特性所形成的外部空间，它具有积极的空间性质，并与人密切关联；作为城市空间的主要组成部分，街道的物理形态不仅反映了两点之间或区域与区域之间的关联，还被看作是人与人之间交往和娱乐的公共场所。"

此定义强调了街道空间概念中，行人空间的必要性。指出不仅要把街道视为一种物理上的空间，而更应该是把街道和人的日常活动联系在一起，人才是街道的真正主角。同时，街道提供给人们日常生活和社会交往的公共活动空间，是城市重要的活动场所。城市街道不仅是城市空间的重要组成部分，而且是人们公共生活的主要环境，

在日常生活中，不同的城市街道承担着不同的城市功能。一般来讲，我们可以根据街道在城市活动中的地位将城市街道分为主干道、次干道、背街小巷、

生活小区等，根据街道在城市中的功能将城市街道划分为城市交通街道和城市生活街道两大类，具体功能主要如下：

一是交通功能。城市街道最初的存在意义是满足交通承载功能的需要，即承担城市与城市之间的交通连接，解决城市内部之间和城市与城市外部之间的交通连接，是城市运输系统的主动脉，对城市的运转起了至关重要的作用。作为城市街道的首要功能，交通功能与城市居民的日常活动息息相关，无论是人们工作、购物、娱乐的日常出行，还是生活用品、生产原料、建设材料的运输，都必须依靠城市街道的交通来完成。街道犹如一座城市的血脉，为城市的运作提供了不可缺少的原料，又带走多余的废弃物，以保障城市的生存。

二是场所功能。城市街道的场所功能是指街道是人们日常生产、生活的环境和场所。首先，街道空间作为城市公共空间的重要组成部分，主要目的是要服务于人们的生活，为居民的日常活动提供交流的平台，为人们购物、交往、娱乐、休闲等提供了室外活动场所。其次，街道是各种市政基础设施管线设置的载体，为各种服务设施提供摆置的公共空间，丰富了街道的公共空间和景观环境，满足了人们在街道生活的基本需要。

2. 背街小巷

背街小巷是城市街道的重要组成部分，背街小巷是指城市主要马路后面的小街道、弄堂等生活空间。背街小巷，作为城市街道主、次干线的分支，犹如一座城市的"毛细血管"连接着人们生活的各个区域。它是一个多义空间，也是最能够创造宜居环境和交流空间的场所。但现实中大多数背街小巷是市政设施管理部门和社区居委会失管范围，主要表现为街道道路人车混行、城市空间设施划分不清，其中较宽一点的道路，空间划分上最多是设置了机动车道与非机动车道。本研究中，北京市背街小巷环境治理中的背街小巷，主要是指通向居民区的小街道和胡同等，一般以非机动车和行人通行为主，宽度在 10 米以内。

背街小巷作为城市生活的主要街道类型，其功能更多地表现为居民日常生活的场所，满足人民日常生活的需要是其首要的职责。首先，背街小巷为人们提供了生活场所。背街小巷是居民生活小区的集中区域，城市中 80% 的人口生活于背街小巷。其次，背街小巷是街道家具设置的区域。电线电缆、照明系统、环卫设施、公厕等城市基础设施的设置，满足了背街小巷居民生活的基本需要。

再者背街小巷是城市流动商贩的栖息地。流动商贩主要是指没有固定场所，作为城市最底层、最原始的商业模式，流动商贩的存在，对于激活流动商户的社会功能、活跃市民的夜市生活、解决低收入人群的生活困难和维护城市和谐发展，起到积极的作用。

理想中的背街小巷应该是巷道宽度宜人、路面整洁干净、立面细致精美、绿化配植比例合理、车辆停放有序、交通秩序井然、邻里关系和睦、社会治安良好、文化气息浓厚、生活便利的场所，给人们以亲切感、紧凑而热闹的气氛。

第二节　北京市背街小巷环境治理的基本内容

一、北京市背街小巷环境治理现状

背街小巷是城市的"毛细血管"，更是涉及社区千家万户利益的工作。背街小巷环境治理单靠政府治理不好，也治理不了。必须以群众的意愿为基础，依靠群众，才能取得成效。因此，要推进背街小巷环境治理必须建立并深化多元共治的社会协同模式。此外，背街小巷密度大，人口多，整体品位不高，低端业态较多，生存空间有限，违法建设较多，居住人群中高素质人员较少；背街小巷房屋年限长，环境建设投入较少，环境保洁投入较少，现代城市病在这里较为突出。因此，背街小巷环境治理关系到城市环境以人为本目标的实现，也关系到对人民群众切身利益的关怀，是政府基础设施和公共服务供给的一项重要工作。

2017年，北京对首都核心区背街小巷按照"十无一创建"标准进行治理，"十无"即"无私搭乱建、无开墙打洞、无乱停车、无乱占道、无乱搭架空线、无外立面破损、无违规广告牌匾、无道路破损、无违规经营、无堆物堆料，创建文明街巷"。在背街小巷环境整治中，特别突出的是对私搭乱建、开墙打洞和架空线的整治，消除暴露垃圾和乱停车现象。

截至2017年12月底，核心区、中心城区及通州区2222条背街小巷开展环境整治提升，基本完工背街小巷共计824条。其中，核心区基本完工背街小巷共计750条，其中报送达到"十无"标准的211条，报送达到"九无"标准的539条。通过背街小巷环境整治提升，一是解决了部分背街小巷的痼疾顽症。2017年开工街巷共拆除违建18.51万平方米，治理开墙打洞5467处，整饰外立面20.5万平方米，街巷恢复了原貌，清朗清静也找了回来。二是改善了背街小巷卫生环境，净化了视觉空间。清理堆物堆料约4.1万吨，清理小广告26.7万余张。拆除违规牌匾5075块，规范牌匾设置2085块，核心区完成支路胡同架空线入地及规范梳理313条。三是改善了背街小巷道路通行条件，规范了交通停车秩序。整修地面15万平方米，重新铺设地面8.8万平方米，清理私装地锁8993个，清理"僵尸车"3671辆。部分街巷设立单行通道，开辟停车资源，实施居民停车自治。街巷道路变宽了，出车行走不堵了，市民出行更通畅了。四是完善了公共设施，提升了居民文化休闲生活质量。规范公共服务设施1926件，增加绿化植被2.5万平方米，栽植树木3066棵，栽植花木14万株。

背街小巷环境整治提升虽然取得一定成效，但也存在一些问题。例如：部分背街小巷的整治提升未按照设计管理导则进一步细化，在施工中未全面按照设计导则的标准实施。开墙打洞封堵后，风貌恢复不及时。乱停车问题仍然比较突出。共享单车在短时间内数量激增，乱停乱放突出。便民服务设施设置尚不完善，还不能满足百姓需求。

二、北京市背街小巷环境治理基本做法

习近平总书记对背街小巷的管理情况尤为重视，在视察北京时明确指出，要治理好每个社区、每条小街小巷小胡同。北京市高度重视，自2017年3月底以来，集中开展了核心区背街小巷环境整治提升工作，并逐步拓展到了中心城区及通州区，旨在打造具有京城特色的背街小巷，使其成为有绿荫处、有鸟鸣声、有老北京味的清净、舒适的公共空间，展现具有首都风范、古都风韵、时代风貌的城市新面貌、新形象。市委书记蔡奇在谈到背街小巷环境整治提升工作时指出，整治提升背街小巷环境，是贯彻落实习近平总书记视察北京重要讲话精神的重要举措。首都形象无小事，"面子""里子"都重要。我们既要管好主干道、大街区，又要治理好每个社区、每条小街小巷小胡同。看市容市貌不仅是看长安街，也不仅是看主干道，还包括次干道、背街小巷，这些都关系到首都形象。背街小巷是城市病集中的地方，是城市管理的薄弱环节。要从讲政

治和履行"四个服务"职责的高度，抓好背街小巷环境整治，推进国际一流的和谐宜居之都建设。主要做法有以下几点。

（一）健全工作机制，形成背街小巷环境提升合力

1. 建立背街小巷环境整治提升的责任机制

背街小巷环境整治提升工作，由市城市管理委、首都精神文明办牵头，发挥统筹协调作用，负责制定总体方案、工作标准，组织宣传发动、督促检查和验收评比以及日常协调和沟通联络。市编办、市规划国土委、市工商局、市交通委、市园林绿化局、市文物局等相关部门依据部门职责各司其职，明确主管领导，落实部门责任共同参与。东城区、西城区发挥属地主责作用，负责组织具体实施，建立完善长效管理机制。

2. 建立背街小巷环境整治提升的社会协同机制

一是加强居民自治管理。发挥社区居民自管会、商会等各类新型社会组织的作用，全方位动员背街小巷居民群众、社会力量参与，推广"小巷管家"，转换居民单位被动地位，形成发现、举报、监督、维护的主导力量。二是加强宣传动员。采取召开座谈会、调查问卷、市民学校、宣传栏、橱窗板报等多种形式开展宣传动员，吸收辖区居民、单位对整治提升的合理意见建议，纳入整治工作任务。

（二）制定标准规范，打造特色精品街巷

在开展背街小巷环境整治提升行动中，以改善群众身边环境质量，提升精细化管理水平，打造"环境优美、文明有序"的具有北京特色的精品街巷为目标，从落实首都城市战略定位的高度确定工作任务、整治提升标准和工作规范。

1. 细化背街小巷环境整治提升的目标任务

在全面梳理核心区、中心城区及通州区背街小巷底数基础上结合整治提升任务性质，明确提出背街小巷三年行动计划。作为核心区的东城区和西城区，计划三年完成背街小巷环境整治提升2435条。其中，需巩固加强的761条、需整治提升的1674条。朝阳区、海淀区、丰台区、石景山区（简称中心城区）及通州区计划三年完成背街小巷环境整治提升2145条。这4000余条背街小巷整治任务均细化到了每一年，建立了详细的工作台账，对于下一步督导检查、验收评比打下了扎实基础。

2. 明确背街小巷环境整治提升的高标准

结合北京市疏解整治促提升专项行动，针对核心区和中心城区及通州区分别制定印发了三年行动工作方案，特别提出了背街小巷环境整治提升"十无一创建"的工作标准，解决了背街小巷环境整治提升中不能有什么的问题。

3. 明确背街小巷环境整治提升的严规范

在充分调研当前背街小巷现状基础上，吸收国内外好的管理经验以及东、西城相关工作成果，市城市管理委联合市规划国土委编制并印发《核心区背街小巷环境整治提升设计管理导则》，对背街小巷的建筑立面、建筑外挂、市政设施、交通设施、标识牌匾、公益宣传、城市家具、绿化景观、城市照明、架空线等十类 36 项要素明确了规范管控标准，解决了背街小巷环境整治提升后建成什么样的问题。

（三）强化制度建设，创新工作方式

1. 建立督导检查制

落实"日巡、周查、月评、季点名"，每天市、区、街道、社区组织对背街小巷进行巡查，市城市管理委聘请第三方公司每天抽查核心区 10 条街巷，形成日报、周报、月报，反馈东、西城区；每周市城市管理委和首都精神文明办组织开展暗查；每月由副秘书长带队督导检查；每季度对背街小巷明察暗访情况进行汇总、分析、点评通报。督导检查制有效落实了属地责任，切实解决了一批环境脏乱问题。

2. 建立并推广街巷长、市容市貌监督员和小巷管家做法

每条街巷都设置"街巷长"，负责在背街小巷"十无一创建"工作中行使巡视权、监督权和处置权。每名街巷长都配备《街巷长日志》、"街巷通"专用手机，做到巡查有记录，意见有反馈，工作有痕迹。核心区共设置"街巷长" 2432 名；制定《市容市貌监督员工作办法》，明确了监督员选用标准、聘任、解聘、职责等内容。共聘任市容市貌监督员 223 名。推广东城区龙潭街道"小巷管家"做法，实现核心区背街小巷的全覆盖，初步形成"共建、共管、共治、共享"的局面。

3. 建立工作例会和信息沟通制

每周召开工作例会，了解工作进展，协调解决问题。同时，每周编制工作

简报，督促工作，挖掘典型，共享经验、促进交流，截至 2017 年底共编辑简报 54 期，其中多期得到市领导批示。

（四）巩固成果，完善长效管理机制

在背街小巷开展环境整治提升工作容易，有方案、有标准组织人员实施就可以，难点在于整治提升后如何巩固成果，实现长效管理，为此，从把关整治提升成果入手，明确了整治提升后精细化管理的工作要求，以固化好的工作机制，强化长效管理。

1. 从严把关背街小巷环境整治提升成果验收

制定出台《背街小巷环境整治提升验收办法》。一是明确谁来验收。成立北京市背街小巷环境整治提升验收领导小组，由市城市管理委、首都精神文明办、市规划国土委牵头，由北京市工商局、市交通委、市园林绿化局、市城管执法局、市文物局、中心城区、通州区和设计方面专家参与。二是细化怎么验收。明确提出核心区背街小巷将逐条开展验收。验收分为专项验收和综合验收。专项验收，适时组织人员抽查背街小巷环境卫生情况。综合验收，对背街小巷达到"十无"标准后接受全面验收。由区城市管理部门向市城市管理委提出书面验收申请，提交初审材料，验收领导小组组织验收。对验收合格的向社会公示，接受监督。三是细化验收什么。以"十无"和长效管理机制为验收内容，确定分值，明确各项扣分标准。评分达到 90 分以上的为合格。其中，违法建设、开墙打洞和架空线三项如发现其中任何一项未完成实施一票否决。

2. 明确"十有"的长效管理标准

为巩固整治成果，加强长效管理，制定印发《背街小巷精细化管理指导意见》。要求核心区、中心城区及通州区在背街小巷日常管理工作中要符合"十有"的工作标准，即环卫作业有队伍、交通停车有规范、街巷立面有管护、公服设施有维护、绿化美化有养护、街容巷貌有巡查、违法行为有查处、居民群众有自治、督导检查有力度、示范引领有标杆。

第三节 北京市背街小巷环境治理多元主体定位与 协同结构分析

一、西城区背街小巷环境治理的基本情况

2017 年 3 月 27 日，北京市政府召开专题会议，研究核心区背街小巷整治提升有关工作，要求核心区认真贯彻落实习总书记两次视察北京的系列讲话精神，从讲政治和履行好"四个服务"职责的高度，围绕建设国际一流的和谐宜居之都的目标，深入开展背街小巷环境整治提升工作，并常抓不懈，久久为功，坚决治理"大城市病"，展现首都新形象、新面貌。根据中央和北京市委市政府的工作部署，2017 年 4 月 5 日，西城区召开背街小巷整治提升动员部署会，全面启动辖区背街小巷环境整治提升工作。

2017 年，西城区坚持将背街小巷环境整治提升与疏解整治促提升专项行动相结合、与重点工程项目建设相结合、与城市品质提升靓丽市容市貌相结合、与广大市民生活环境质量改善相结合，持续努力，不懈奋战，全面开启 1331 条背街小巷整治提升工作。截至 2017 年底，共有 119 条背街小巷实现了"十有十无"目标，134 条背街小巷实现了"十无"、896 条背街小巷实现了"十有"。各个街道也积极创新方法，广泛动员，全区形成大宣传、大发动、比学赶帮超的氛围。如展览路街道绘制了"背街小巷示意图"，以思维导图的形式展示了每个街巷的地理位置和每个街巷长的名字，以便于群众方便查找；白纸坊街道印制了工作图表，制作"背街小巷"等工作进度榜，随时跟踪工作进展情况，并实时上榜公示进度；椿树街道制作和发放了《街巷长工作手册》，明示工作方案、工作职责、工作流程、工作基础台账及环境问题记录表，为街巷长的工作提供了有效抓手；什刹海街道建立了"一格五员"工作机制，确保每条街巷定点、定岗、定人、定责，街巷理事会建立了微信群，通过"智能什刹海"App报送问题案件，以便于及时发现和解决问题。截至 2017 年 11 月底，全区 1463条街巷（其中背街小巷 1331 条）共任命街巷长 1402 名，其中背街小巷街巷长1238 名；辖区街巷长备案信息同步建立；全区组建背街小巷自治共建理事会

1423 个，悬挂公示牌 3523 块；组建了志愿服务团队 1403 个，签订居民公约 2673 份，制定街区治理导则 990 份；对接物业 1331 条。

二、单个主体的定位、目标与利益诉求

治理主体是治理的最终实施者，相关治理主体是指在整个背街小巷环境治理中与之利益相关的各类组织。从理论层面而言，这一点正符合协同治理基本内涵中的前提性要件，即主体结构的多元化与分散化。从实践层面而言，经济体制与政治体制改革的推进、公民社会的逐步完善也渗透到城市社区领域，为多元主体共同参与社区及背街小巷环境治理提供了契机，极大地推动了管理主体格局的变迁。在背街小巷环境治理中的主体是多元的，治理主体包括政府、企业、社会三方部门。每一方主体也都是由多元的主体构成。社会部门主体多元体现在社会中包括居民、志愿者、社区团队等非注册组织、注册的社会组织、居委会、理事会、门店、门店协会等，这些主体构成社会主体多元结构。随着社会治理领域的不断发展，社会主体会呈现越来越多元的趋势。企业部门主体多元包括物业公司、绿化队、市政公司、信息化公司、运营公司等。随着治理的推进，企业部门参与的主体会越来越多，形成更加多元的结构。因此，背街小巷环境治理的每一个主体部门又是由多个主体构成，形成整个治理系统。

（一）政府及其派出机构

从管理转型到治理最重要的一点就是树立服务型政府的观念。因为过去几十年间我国深受计划经济时代的影响，一直是管理型的政府模式。在提倡实行市场经济体制之后政治体制的改革并没有跟上，依然在加强宏观调控。政府在城镇化进程中扮演了最重要的角色，导致我国社区停留在行政型模式，基层群众自治无法实现。在十八届三中全会之后，我国提倡国家治理，提出建设服务型政府，这对社区由管理转型到治理提供了很好的契机。治理与管理有很大的不同，在治理的模式之下政府已经不再拥有绝对权力，而是"退居二线"，以一个支持者的身份出现，在政策、制度、法律法规、资金、社会保障等多个方面提供支持。

政府是城市环境的管理者，具有集中的环境管理权力。改善市政市容、美化绿化景观、安全维稳、道路修建、引导居民和社区参与环境管理等是政府的

责任。政府具有执法权和决策权，对破坏街巷环境的居民行为和商户行为进行强力执法。在市政环境治理中，政府的目标是保证市容市貌不被破坏，打造文明有序的街巷环境。而街道作为政府的派出机构，完成上级政府的考核要求也是管理的重要目标。因此，政府会采取行政手段完成管理任务，通过区政府对环境的考核要求，实现街巷环境达标。此次北京市背街小巷环境治理工作中，由市城市管理委、首都精神文明办牵头，发挥统筹协调作用，负责制定总体方案、工作标准，组织宣传发动、督促检查和验收评比以及日常协调和沟通联络。市编办、市规划国土委、市工商局、市交通委、市园林绿化局、市文物局等相关部门依据部门职责各司其职，明确主管领导，落实部门责任共同参与。东城区、西城区发挥属地主责作用，负责组织具体实施，建立完善长效管理机制。如西城区成立了以区委书记和区长为总指挥，各相关委办局等领导为成员的西城区背街小巷环境整治提升专项指挥部，下设办公室于区环境建设办全面负责指挥协调等工作。区领导亲自专项督导，四套班子分片联系各个街道，并分成9个督导组，到15个街道进行综合督导，现场解决街道反映的问题。同时，区委区政府督查室、绩效办、文明办、社会办、城市管理委、城管监督指挥中心、城管执法局、园林绿化局等部门，联合组建了四个督导组，通过定期检查、随机抽查、专项督查、媒体监督等形式，对已经达标的街巷进行"回头看"；对没有达标的街巷督促整改，促进街区整理见成效。

（二）社区

社区参与背街小巷环境治理是指社区作为一个共同体参与到背街小巷环境治理中来。社区参与背街小巷环境治理介于政府环境治理与市场环境治理之间，但并非是两者的折中。此外，社区背街小巷环境治理的主体是指社区这一共同体，有别于社区成员对社区环境治理的参与。社区反映居民的实际利益诉求，同时配合街巷长完成治理任务，社区在此次背街小巷环境治理中发挥了突出的作用。

社区参与环境治理是背街小巷环境问题特殊性的需求。一方面，环境资源难以完全通过市场来解决环境问题。而社会协同治理则为解决这种困境提供了途径。在社区归属感的引导下，社区成员积极加入背街小巷环境治理中来，社区成员通过保护其环境私益而保护了环境公益。另一方面，政府作为局外人在背街小巷环境治理问题上难以细微地了解地方信息，但是社区可以发挥其属地优势，充分利用社区中的文化价值、民间权威、社会纽带等社区所特有的资源，结合自身情况对症下药解决其自身问题。

社区参与背街小巷环境治理可以弥补政府与市场作用的不足。政府、市场、社会三者相互作用，共同构成完整的背街小巷环境治理体系。作为社会调整机制的一种方式，社区可以有效地利用其特有的社会资源，弥补政府管理与市场管理的不足。一方面，社区内成员价值观的一致性有利于背街小巷环境治理工作的开展。社区是由对社区存在和社区目标有着共同理念、共同价值的人组成的共同体，他们的自愿参与使社区在背街小巷环境治理上比政府更有号召力。另一方面，除了政府和市场领域的作用外，社区还可以充分调动社区内部成员的主动性，从社区内部促进背街小巷环境保护的进展。随着政府职能的转变以及社会的转型，大量政府社会管理和公共服务职能向社区转移，社区充分利用成员的归属感将会在背街小巷环境治理上大有作为。

社区参与背街小巷环境治理可以保障实现更有效的监督。首先，社区可以实现对企业的有效监督。其次，社区参与背街小巷环境治理可以减少"搭便车"现象的发生。社区的范围有限，社区内各成员间相对较为熟悉，因此当有成员要做出破坏行为时，会先表现出"不好意思"。因为他们知道，在自己退出合作或者搭乘他人便车的时候，远在他们得到实际物质上的惩罚之前，就会失去良好的人际纽带这一"抵押品"。

（三）物业

物业在城市环境治理中处于被政府和业主委员会管理的角色，同时物业也是小区和片区的环境卫生、安全秩序维护的管理者，维护小区的环境卫生和安全。在此次背街小巷治理之前，有两类物业公司发挥作用。一类是封闭小区，有自己独立的物业公司负责小区环境和安全的整体运营，业主委员会的主要成员是小区内的居民。这类物业公司主要存在于2000年以后新建的小区之中。另一类是目前没有专业化物业的地区，包括平房区、老旧小区等。这些地区涉及开放空间的问题，由政府聘请专业化的物业公司负责运营，这类物业公司将政府财政补贴作为运营资本，作为政府购买服务的延伸参与到街巷环境治理之中，受政府部门的管理和监督。为推进专业化服务作业，巩固环境整治提升成果，物业作为企业参与到背街小巷环境治理之中，是此次背街小巷治理协同的创新和亮点。但是物业本质上是以盈利为目的的企业，具有追逐利益的性质。主观上利益意识大于服务意识。物业在此次背街小巷治理过程中也发挥了很好的示范带头作用。

如西城区政府从 2017 年开始对平房区实施准物业管理，如金融街物业中标金融街北区背街小巷准物业管理服务项目，为平房区内的公用设施设备和相关道路、场地进提供维修、养护、管理服务，维护区域内环境卫生、市容市貌和公共秩序。为配合做好环境整治提升工作，金融街物业公司根据主管部门要求，发挥物业管理专业优势，研究制定了平房社区物业管理的"4+1"服务方案，将工作要求与管理内容有机结合，明确服务标准和质量。其中："4"是指四项合同约定的基础服务（秩序维护、设施维护、保洁服务、对客服务），"+1"是指附加特色生活便民服务。

（四）居民

居民在城市环境治理中是处于被管理的地位，服从政府文件提出的要求和城市管理的法律规范。但居民也是自治组织的参与者，街巷环境的维护者，街巷治理的利益相关者，街巷环境的好坏直接影响到居民自身的日常生活。居民具有人口基数大、组织分散等特征。在此次背街小巷治理之中，居民的责任主要体现在爱护社区、遵守公约、自觉维护、积极参与街巷环境治理。具体包括：

第一，积极参与。公众作为街巷环境利益的直接受益者，街巷环境的好坏与公众利益息息相关，因此公众主体应该积极主动参与到背街小巷环境治理中，捍卫自己应享有的良好环境这一权利。背街小巷环境治理中，居民通过相互协商交流，推选出楼门院长和居民代表。有的居民代表由楼门院长推荐产生。居民还会自发组成志愿者团队，在居民中也有部分是党员，起到模范带头作用。居民的广泛参与加上社区的指导支持，就能极大地减轻政府的负担。

第二，提升自我管理能力。由于旧的行政型体制限制居民在知识和经验方面表现出不足，所以多了解背街小巷环境治理的情况和日常的工作有利于居民进行自我管理，可以通过社区宣传栏，也可以通过参加社区的居民议事会和公共事务，在观摩和参与中学习知识，积累经验，才能协助社区，做到民主管理。

第三，公众监督更有利于参与决策的科学性。在背街小巷环境治理过程中，公众承担着参与者和监督者的双重责任。公众在法律范围内行使自己的监督权，公众要利用监督听证会、信访、网上评议等多种监督途径，对自身周围存在的环境问题和政策实施效果进行反馈。这在维护自身利益，也对法律法规和政策的实施起到监督作用。

此外，居民也有自己的利益诉求，主要表现个人物质性利益，如好处的获得，如果没有好处就不会配合。例如，居民门口的废旧自行车，虽然影响街巷环境，但是让居民主动拆除却非常难。其次是价值性利益，如名誉、声望等。居民在参加社区活动中可以提升自己的威望，增加自身的影响力，如"西城大妈"等。

（五）社会组织

党的十九大提出要加快生态文明体制改革，建设美丽中国，在着力解决突出环境问题的过程中"构建政府为主导、企业为主体、社会组织和公众共同参与的环境治理体系。"在这种新形势下，推动社会组织有序参与环境治理就成为事关环境质量全面改善的战略性问题。事实上，近年来社会组织在当代中国社会治理体系中的作用不断突显，社会组织由于具有更强的社会动员能力和一定的组织能力，且可代表不同社会群体之诉求，因而在环境治理中日渐成为重要治理主体。

社会组织作为协同治理主体之一，泛指不以营利为目的，由共同目标、宗旨、制度建立起来的活动集体。北京市背街小巷环境治理中的社会组织网络主要包括正式注册的社会企业、正式和非正式注册的志愿者团队、非营利组织等。除在社会活动中具有重要作用之外，在背街小巷环境治理中更扮演着"协调者"的角色和"桥梁"作用。社会组织首先要认识到自身作为背街小巷治理的一大主体，要有准确的责任、能力、义务定位，充分发挥自身在专业性、民间性这一特点，利用自身的优势去弥补其他主体在背街小巷环境治理过程中存在的短板。其次，社会组织要积极承担起"协调者"的角色，发挥好纽带作用。社会组织因其民间性、自治性等特性，更有利于获得其他主体的信赖，并且社会组织与公众联系更为紧密，方便民意和民智向政府、企业传达，从而成为各主体之间信息传递的"桥梁"。最后，社会组织还应该发挥好舆论监督功能。社会组织在背街小巷环境治理过程中，要始终以公益性为价值追求，承担相应的环境责任与义务，要监督、纠正其他主体的不当行为。同时，相关环境社会组织要多在社会范围内开展生态、环境方面的知识宣讲工作，积极配合政府，扩大背街小巷环境治理效果。

三、背街小巷环境治理主体协同结构分析

我国"十三五"规划纲要明确指出："完善党委领导、政府主导、社会协同、公众参与、法治保障的社会治理体制，实现政府治理和社会调节、居民自治良性互动。"这为现阶段理顺我国多元治理主体间的关系指明了方向。由于各街道间背街小巷环境治理工作机制略有出入，本研究协同结构网络的构建主要以西城区 G 街道为重点进行分析。

（一）西城区 G 街道基本情况与特点

北京市西城区 G 街道位于西城区西南部，是北京市西城区 15 个街道之一，位于西二环以西。北沿莲花池东路一线，东与月坛街道、西与海淀区羊坊店街道交界；南以鸭子桥路及原东西向铁路专用线为界、西以马连道北路一线与丰台区交界；东以西护城河分界，与广内、牛街、白纸坊街道相望。莲花河和京九线自北向南穿辖区而过。G 街道有几个突出特点：一是历史悠久，特色突出。广外为北京建城和建都的肇始之地，现在滨河公园建有北京蓟城纪念柱和建都纪念阙。凉水河（西城段全部流经 G 街道）曾在北京城的建城史上占据着重要的地位，这条古称洗马沟、桑乾水、莲花河的河道，曾经是辽金两朝最重要的城市供水河道。二是面积大，人口多，密度大。G 街道面积 5.49 平方千米，辖区以广外大街和京九铁路为界，以北以东由天宁寺派出所管辖，以西以南由广外派出所管辖；下辖 30 个社区；居住人口近 20 万，流动人口近 5 万，是中心城区人口最多、居住密度最大的街道，每平方公里约 3.5 万人，社保办理等各项任务也是全区最重。三是基础设施薄弱，老旧小区多。现有小区 219 个，171 个是老旧小区，只有 75 个小区有物业管理。

自开展背街小巷整治工作以来，94 条街巷（包括主次干道 6 条、背街小巷 88 条）共配备街巷长 94 个，成立自治共建理事会 94 个，社区志愿服务团队 67 个，拆除违法建设数量和速度均居西城区第一。目前，以莲花池东路、广外大街、红莲南路和西二环辅路、马连道路为主要标志的"三横两纵"格局已经初

步形成，地区面临的主要整治任务就是要着力提升地区城市管理的精细化水平，着力改善民生，优化提升居住和生活功能，提升城市建管品质。G 街道背街小巷整治的成效是显著的：一是推动了以拆违、治理"开墙打洞"为代表的一系列中心重点工作的稳步推进。街道充分发挥街巷长作用，借力街巷整治，竭力推动街巷痼疾顽症的解决，年度拆违任务 1.7 万平方米，截至 2017 年底，已完成拆违 423 处，16446.7 平方米，涉及人口 901 人；开墙打洞年度目标 173 处，现已完成 315 处，涉及人口 500 人。通过拆违和开墙打洞治理共实现增绿 6479.6 平方米。在背街小巷老旧小区共清理废旧自行车 6000 余辆，集中清理大件垃圾 5100 余吨。① 二是一批背街小巷摘掉"脏乱差"的帽子。街道充分考虑地区群众的呼声，瞄准"城市病"集中的马中里地区、南新里三巷西段、马连道北路等街巷，下大力气啃"硬骨头"，开展拆违、治乱、景观提升工程，通过整治，马中里地区、南新里三巷等一批街巷旧貌换新颜，实现历史性的改变；马连道北路通过实施拆违还路工程，彻底解决了北京西站站到广外大街交通拥堵现象，市民出行更便捷；莲花池东路、西二环辅路通过实施拆违增绿工程，提升了街巷生态环境水平，丰富了居民休闲文化生活。三是形成了一系列适合地区实际的工作方法。为了更好地做好背街小巷的治理工作，街道科学统筹，充分发挥街巷长作用，积极创新工作方法，形成了一系列特色明显的创新做法。如红居街社区结合自身商户多的特点，制定了以"四个坚持"（坚持安全第一、坚持门前三包、坚持诚信经营、坚持参与各项活动及社区协商议事活动）为主要内容的门店文明公约，同时以网格为单位，成立门店自治小组，初步形成了自我管理、自我监督、自我教育、自我服务的门店自治模式；针对辖区废旧自行车较多的特点，街道采取"废旧自行车换绿植"的做法，吸引群众主动参与到清理废旧自行车的活动中，既清理了废旧自行车，又提升了辖区绿化水平。对于街巷长无法解决的问题，街道注重发挥统筹协调调度机制，进一步加大与城管、工商、食药、公安等部门的联勤联动机制，不定期开展联合行动，收到了明显的效果。

---

① 高斌.G 街道的背街小巷整治——北京市西城区 G 街道精细化管理案例剖析［J］. 前线，2018（3）：79-80.

　　G街道背街小巷整治的基本经验可以总结为：一是支部建在项目上，充分发挥党员干部的攻坚克难先锋模范带头作用。在环境整治、空间治理等重点难点工程上，建立不同的联合党支部，选派优秀的党员干部充实到联合支部，把"硬"和"难"的骨头给他们啃，既是给党员干部的一份责任和使命，更是对他们的一种考察和检验，通过比党性、比团结、比奉献、比能力、比业绩，充分调动他们的积极性和创造性，做到了街巷整治项目拓展到哪里，党组织和党员的作用就发挥到哪里。二是建立了智慧化问题处理平台，提升管理水平。按照全市的要求，背街小巷要设"街巷长"，但如何搜集处理大量的环境问题，是"街巷长"必须要解决的难题。G街道的智慧化问题处理平台解决了这个难题。通过在"智慧广外"微信公众号开设背街小巷整治专栏，设置"随手拍"通道，可以让市民和街巷长第一时间上传发现的问题，便于后台及时汇总处理。这种"随手拍"功能的开发和应用，是网格化智慧社区建设与背街小巷整治工作有机结合的良好范例。三是社区志愿服务团队发挥了积极参与、文明引领作用。67个社区志愿服务团队的作用不可小觑，这种志愿服务团队由辖区单位和居民组成，通过文明劝导、巡视监督、环境美化等发挥作用，营造"志愿服务为街巷，街巷美丽靠大家"的共建共享的良好氛围。四是居民自律与执法联动形成多种管理机制。建立"门店公约"，通过门店自治小组进行自我管理、自我监督、自我教育、自我服务的门店自治方式，减少矛盾，形成自律；建立多部门联勤联动综合执法，避免了"单打独斗"，形成了合力，保障了背街小巷环境治理整治工作顺利实施。

　　（二）背街小巷环境治理协同结构网络的构建

　　1. 党和政府的核心引领

　　中国共产党始终是中国特色社会主义事业的领导核心。基层党组织在背街小巷环境治理中承担着领导核心的角色，发挥了党建引领、协调统筹、综合施策的作用。基层党组织是服务居民、凝聚人心、促进和谐的关键核心，是组织、宣传和教育广大居民群众的纽带和桥梁。基层政府、自治组织、社会组织等其他主体应当自觉接受党的政治领导、思想领导、组织领导，确保党的路线、方针、政策在背街小巷环境治理中得到有效的贯彻落实，确保党组织和党员作用的体现。

G街道的主要做法是支部建在项目上，夯实街巷整治工作基础。在背街小巷整治工作过程中，G街道工委不断践行以"绝对忠诚、责任担当、首善标准"为核心内涵的"红墙意识"，完善"党建+"工作体系，健全"重点工程+支部"工作机制，坚持"支部建在项目上"，成立城市整治、地下空间整治、业态提升等十个联合党支部，选派政治思想素质好、勤政廉洁、责任心和事业心强、善于做群众工作的党员干部充实到各支部工作组，采取"街道主导、项目主体、党员主力"模式，以开展"五比五看"活动为载体，助推疏非控人和环境治理各项重点工作任务顺利推进。"五比五看"活动，即比党性，看能否做到坚持原则心系群众；比团结，看能否形成坚强有力的凝聚力和战斗力；比奉献，看能否发挥模范带头和表率作用；比能力，看能否做到统筹协调推进工作；比业绩，看能否做到优质高效完成工作任务。为保障工作顺利开展，街道专门制定了联合党支部工作职责、联合党支部会议及民主监督等制度；强化联合党支部统筹协调、整合资源的功能，引导地区党组织和党员围绕中心工作集思广益；联合党支部实行日常和定期会商相结合的工作制度，每周研究工作进度一次、深入现场办公一次、督导检查一次，并做好专项工作推进情况报告。街道工委强化责任落实，细化责任清单，对联合党支部实行动态管理，将联合党支部建设情况纳入党建目标考核重要内容，党员采取"双管专评"模式，联合党支部和党员组织关系所属党支部对党员实行双向管理，党员干部完成重点工程工作任务情况将作为年度考评的重要内容，使党员先锋模范作用在克难攻坚中得到充分发挥。

2. 以街巷长为绣花针，以自治共建理事会为纽带的治理网络

一方面，在此次街巷环境治理中街巷长起着绣花针的作用，起着连接政府、社会和企业等多元部门形成治理网络的作用。

西城区建立了一支能干、会干、巧干的街巷长队伍，并明确工作职责，积极协调与调动街巷内各种资源，坚决发挥好街巷管理的枢纽作用，做到人员可更换，工作可延续，经验可传承。截至2017年4月17日，全区完成了所有街巷长任命工作，同时各街巷长人员到位，并都由各街道公务员担任，同步建立了街巷长备案信息制度。G街道结合94条街巷情况，不断完善街巷长工作机制，抽调精兵强将充实到背街小巷整治工作中来，确保街有街长、巷有巷长。街巷

长均由街道副科级以上干部担任，全部上墙公示。街道及时梳理街巷情况，建立了辖区背街小巷治理台账，制作了街巷长工作流程图，列倒排计划，挂战图上墙，为街巷长履职创造良好条件；同时加强对街巷长履职情况的指导督促，确保问题发现在一线、解决在一线，每月进行定期检查，及时通报检查中发现的问题，第一时间会商解决；要求街巷长认真填写街巷长日志，及时记录工作进展，为整治工作的深入开展收集第一手材料；街道还在"智慧广外"微信公众平台，设置背街小巷整治专题栏目，开通随手拍功能，设置街巷长和居民群众双向入口，既方便街巷长发现问题、解决问题，又方便广大群众反映街巷问题。街巷长基本职责包括：对照"十有十无""一创建"标准，梳理街（巷）问题，建立街巷管理工作台账（街巷长度、公服设施、人口底数、业态分布、绿化情况、责任信息等），协调相关部门，限期解决并尽快达标；统筹物业管理单位和相关责任人开展街巷常态化巡查（原则上每天不少于两次），督促落实"门前三包"责任制，教育、劝导社区居民爱护环境，制止、举报违法行为；落实街区治理导则，发挥全响应工作机制和网格员作用，收集居民关于街巷治理的建议，积极协调解决社区居民和物业单位反映的问题，无法解决得及时向有关政府部门反映；积极动员社区居民和志愿者团队，发挥社区自治理事会的作用，加强流动人员动态管理，做好居民"五防"宣传，加强居民自治管理，创建文明街巷；主动公示街（巷）长责任信息，接受社会监督。

可见，在此次街巷环境治理中街巷长作为桥梁，起着连接政府、社会和企业等多元部门形成治理网络的作用。从责任方面看，街巷长的责任，一是牵头协调政府部门中条与块的力量。公示牌中一块是街巷地区即块的负责人，另一块是专业部门即条的负责人，街巷长的权责是把各专业部门的力量统合起来，协调解决发现的问题。二是牵头与社区代表和居民等共同发现问题、摸清需求、共商对策，以政府身份与社会共商共议，并以政府资源为后盾，协调解决问题。对于街巷长，虽然没有设定权力清单中的任何具体权利，但街巷长具有协调各个具有权力的行政人员来回应需求、履行职责的权利，街巷长实则发挥着区政府驻街巷代表的作用，代行政府对城市管理的主体责任。

在此次背街小巷治理中，G街道还在辖区内成立了街巷长领导自治共建理事会工作机制。

　自治共建理事会是为共同建设、维护、治理职责范围内的背街小巷，打造"共治共享、和谐宜居"的核心区街巷胡同环境，在街道工委、办事处指导下，由社区居委会、街巷胡同居民、辖区单位等各方代表自愿组成的群众性组织。

　理事会章程规定，理事会由街巷长、理事长、理事会成员和秘书长组成。理事会设理事长一名，由街巷所在社区主要负责人担任（涉及多社区时，由街道背街小巷整治工作领导小组指定一名社区负责人担任理事长），主要负责依据相关政策、法律、法规，主持理事会全面工作；设秘书长一名，由街巷所在社区副职担任，主要负责协助理事长处理各项日常事务，及时掌握各类工作信息，确保与各相关方沟通、协作渠道通畅；理事若干名，由与本街巷直接关联的政府职能部门相关责任人、居民代表、志愿者代表、社会组织发起人及物业负责人等担任。街巷自治共建理事会主要职责为：①理事会应严格遵照党的方针政策，执行国家法律、法规，配合街道工委、办事处背街小巷整治总体部署与规划，积极带领街巷胡同居民及相关单位参与设施建设、环境治理、公共设施维护和精神文明建设等各项工作。②坚持依靠群众，紧密联系居民，注重宣传，广泛发动，营造争创核心区美丽街巷胡同氛围，增强居民主人翁意识。鼓励多方参与，引导集体协商，树立"共建共管、共治共享"参与意识。③制定理事会工作规章，建立理事会议事制度。切实监督好"十有十无"等整治工作核心要求落实，为街道、社区开展治理工作建言献策。④协助社区做好街巷胡同巡查，积极主动收集、整理、汇总、上报巡查中发现的环境卫生、街容巷貌、违法建设等各方面问题。⑤认真听取并收集居民的意见和建议，广泛征求民意，公正合理地协调解决街巷胡同内各项矛盾纠纷。⑥建立完善和监督执行街巷胡同整治公约。建立公共事务管理、公共场所卫生管理等各项长效管理机制，及时纠正违反上述制度的人和事。⑦培育和组建各类居民自治组织，充分发挥广大居民在背街小巷整治工作中的积极作用，发掘各方潜力，完善治理体系。⑧协助做好背街小巷整治中的其他相关工作。G街道街巷长工作流程见图5-1。

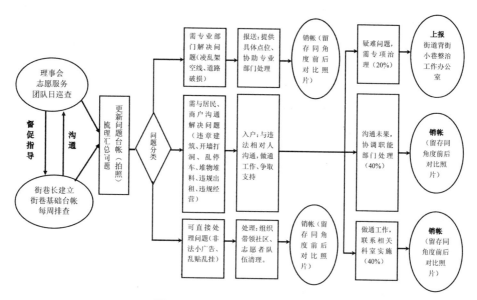

图 5-1　G 街道街巷长工作流程

（三）多元主体协同网络构架

首先，街巷长作为基层政府的科级及以上干部，是基层政府的代表。在此次治理过程中，初步建成了以街巷长为核心，以自治共建理事会为纽带，居民、社区、物业、辖区单位、社会组织、相关职能部门等力量共同参与的共建、共管、共享多元主体治理关系网络。在治理网络中的关键核心节点是街巷长，与其他主体之间是平等协商而非领导与被领导、管理与被管理的关系。具体表现在街巷长与自治理事会是互助的关系，理事会协助街巷长对街巷的整体情况摸底排查，帮助街巷长落实政府传递的文件精神和具体的任务目标。同时街巷长也帮助理事会解决街巷治理中的难题，协调解决街巷中出现的利益关系冲突和矛盾，提升居民的环境满意度。街巷长、自治理事会与社区、居民、物业公司、社会组织之间也是互帮互助、平等协商的关系。通过街巷长主持召开协商会议，当出现街巷问题时通过相互协商沟通、互相交流，形成统一的协商意见，在协商意见的基础上各主体改变自身的行为。同时街巷长、社区、居民、物业等建立了以街巷为单位的微信群，在微信群内部各个小组成员实时发现问题，将问题拍照上传到群里，由责任人负责处理，能实现"发现问题—解决问题"的快速响应，使整个协同治理更加高效。G 街道背街小巷环境治理主体结构框架如图 5-2。

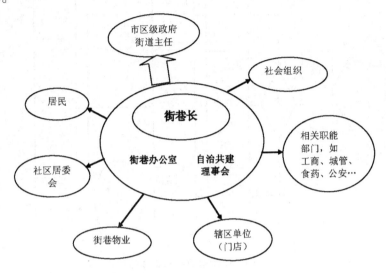

图 5-2 G 街道背街小巷环境治理主体结构框架

其次，每个主体也都由更小的介主体构成。以居民为例，居民通过相互协商交流，推选出楼门院长和居民代表。有的居民代表由楼门院长推荐产生。居民还会自发组成志愿者团队，在居民中也有部分是党员，起到模范带头作用。楼门院长、居民代表、志愿者、党员、居民之间形成了以居民代表为核心的治理网络。与此同时，社区是以党组织为核心的自治组织，包括社区工作者、党员、居民代表等。社区代表居民的利益，体现居民的诉求。社区和居民形成了一个更大范围内的治理网络。同样，物业系统网络也包括以物业公司代表为核心的保安队、保洁队、物业管理者等，社会组织网络主要是一些非正式注册的志愿者团队。自治共建理事会形成以社区书记为理事长，以居民代表、商户代表、事业单位代表、物业代表、志愿者代表的协同关系网络。多个网络通过自己的网络节点相互构建起信任和具有互惠规范的治理网络，产生目标一致的协同效应。

最后，多个治理网络以街巷长和自治理事会为纽带与核心，相互协调，相互补充，相互合作，形成有序的背街小巷治理协同关系网络。多元主体间互相联系，平等协商，相互合作，按照提升街巷环境，整治街巷治理顽疾的目标，构筑协同治理网络，建立互信互惠的规范。一旦街巷环境出现问题，能够通过网络迅速传递给每一个利益主体，主体之间通过相互联系，迅速在协商平台中商讨问题，相互之间通过合作探讨，提出解决方案。在形成协商一致的方案后各个主体相互配合，分工协作，从多维度解决环境问题，进而提升多元主体协同效果。

（四）G 街道背街小巷环境整治工作中主体协同治理成功案例

1. 广安门北滨河路

G 街道广安门北滨河路为西二环辅路，北起莲花河东路区国土局东侧、南至广安门南滨河路深圳大厦东侧，全长 896.9 米，道路宽度为 5.75—15.24 米，分属 G 街道天宁寺北、天宁寺南里和二热三个社区。街面全部建筑为楼房，共有九处。各类单位、商户合计 48 家，主要以餐饮、房产中介以及快递周转为主。楼房产权以单位公房为主，常住人口总数 1263 人，常住户数 605 户、流动人口 212 人，长期出租户数 78 户（其中底商 34 户），底商以餐饮、房产中介及快递周转为主，无违规经营、出租等现象。

地处北滨河路的红鼻子饭馆是该条街巷整治的难点之一，是一处有 20 多年历史的长期侵占消防通道的违法建设，严重影响了市级主干道路的环境秩序。饭馆整体紧贴在旁边的恒物金属大厦南墙外，呈纵深状态，狭窄细长，正好"卡"在该大厦与毗邻的居民楼之间。该处空隙原本是恒物金属大厦的一处消防通道，20 多年前租给个体户经营，整个楼体面积约有 500 余平方米。该处违建二层还有个 100 余平方米的"房上房"，用作职工宿舍，完全没有通道，进出只能翻窗户。狭小的空间里住了几十个人，杂物也随意堆放，具有极大的安全隐患。有居民反映说，因为占据了消防通道，几年前旁边楼发生火灾，连消防车都开不进去，居民对这个饭馆意见非常大。

为了更好地做好街巷整治工作，街道把地处二环辅路沿线的北滨河路作为整治重点内容，展开了针对红鼻子饭馆为主要代表的违法建设的街巷整治攻坚战。一是精心摸排，扎实做好前期准备工作。红鼻子饭馆作为整治的重要内容被列上了日程，街巷长充分发挥作用，多次召开协调会，对自治共建理事会加强指导，对红鼻子饭馆的基本情况进行精心摸排，集体研究。因为饭馆与产权方签署的合同没有到期，再加上是老店，有顾客基础，饭馆经营人舍不得拆，前期并不配合。经过与产权单位恒物金属大厦反复沟通，多次做承租户的工作，终于完成了红鼻子饭馆的拆除准备工作。二是动真碰硬，将拆除工作落到实处。在扎实做好前期准备工作的基础上，街道统筹多部门进行联合执法，对北滨河路的违建红鼻子饭馆在饭馆合同到期后进行依法拆除。于2017年4月12日上午，G街道联合城管、工商、食药、派出所等相关职能部门开展执法，对西二环北滨河路南端的红鼻子饭馆进行拆除，最终顺利完成拆除任务。三是加强管理，形成街巷管理的长效机制。街巷整治工作整治在先管理在后，街道坚持对街巷整治与管理并重，合理利用整治后的空间。在拆除标志性违建红鼻子饭馆后，专题研究拆除空地用途，计划之后用于恢复消防通道。

"我们几乎都不敢开窗户，油烟很大，特别是夏天，这次街道把它拆除了，虽然少了一个吃饭的地方，但确实也给我们解决了一大问题。"一位附近的住户如是说。

通过大力整治以"红鼻子"饭馆为主的违法建设700余平方米，全面清理开墙打洞，北滨河路经营类违章建筑及各类开墙打洞问题已经基本清零。街巷长积极履职，灵活施策，充分发挥"街巷问题整治绣花针"功能，刺破各项重点难点问题。

北滨河路毗邻天宁寺塔，具有以"天宁塔影"为代表的浓厚文化底蕴，依托G街道"盆景变美景"的美好愿景，经街道及各职能部门的精心规划、匠心构筑，结合"红鼻子"违建拆除整治后的绿化工程，已融合成为西二环边一处美景，受到了广大居民群众尤其是摄影爱好者的青睐。

为了强化街巷的管理机制，解决北滨河路以红鼻子饭馆为代表的各类"城市病"内容，北滨河路街巷长联合自治共建理事会统筹安排北滨河路各方整治力量，全面排查，梳理街巷问题台账，建立民生问题台账，总结街巷特征，探索街巷工作推进模式。建立精准、高效、长期可用的街巷整治机制。"一题代类"即以一个特点问题代表一类问题，同时合并同类项，以问题类别设立专项问题台账。"二路会师"即街巷长协同志愿服务队一名骨干实地梳理类似问题，现场拍照留底。同时自治共建理事会查录类似问题记录，归类汇总。最终双方共同设立同类问题台账。"三点一线"，即街巷长、自治共建理事会指定人员和相关单位联系人，三点一线，成立专类问题协调解决小组，并对小组资料进行备案存档。"四方巡验"，即问题初步解决后，由街巷长（副街长）、自治共建理事会参与人员、志愿服务团队指定人员和相关单位联系人共同签写"同类问题巡查整治责任联络单"，通过日常巡查。第一时间发现并快速解决类似问题。

2. 马连道北路

G 街道马连道北路，北起广莲路、南至广安门外大街，道路全长为 320.05 米，道路宽度为 4.04~22.91 米，属于 G 街道莲花河社区管辖范围。莲花河胡同 1 号院共 2 栋楼，约 430 户住户，人口约 1300 人。道路东侧锦江之星旅馆，本市户籍人口 10 人，外来人口 45 人。

湾子路口东北角有一处排砖结构的平房违法建设，地处西城、丰台和海淀交界处，紧邻广外大街和湾子地铁站，2008 年北京奥运会后就一直作为居民用房。在该处平房的北边，是一处 20 世纪 80 年代居民自己搭建的大约 600 余平方米的违法建设。这两处违法建设导致原本宽敞的马连道北路在湾子路口北处变窄，影响着地区的交通微循环，成为广外地区交通的一大堵点。

作为西城区规划建设的 28 条道路之一，办事处将马连道道路拓宽项目作为一大项工作，作为"两学一做"工作的重要实践，充分发挥主体作用，下功夫啃难题，在区住建委的积极支持下，联合城管等职能部门统筹推进项目进展。一是加强党建引领，统筹推进街巷整治。马北路整治是困扰附近居民的长期问题，街道延续多年"支部建在项目上"的传统，加大党组织对整治项目的引领与助推，把项目负责人和楼门院长纳入支部，充分发挥党员的先锋模范作用，多次上门做房屋搭建人的思想工作，争取他们的配合，推动拆除工作的进行。二是精心组织，确保整治工作平稳推进。在前期工作平稳推进的基础上，街道联合城管等职能部门，精心谋划设计整治方案，先期拔除了占道的废弃电线杆，为道路拓宽提供了条件。随后组织专门力量对盘踞湾子路口 20 多年的违建进行依法拆除，彻底改善街面环境，道路施工期间，区住建委等相关部门也多次来到实地协调，推动道路建设，完善路网，稳步推进"马连道北路"道路拓宽项目规划。三是加强管理，着力提升街巷品质。在拆除违建的基础上，加强对马北路的整治管理，把拆除违建与地区的整体规划相结合，把街巷整治纳入路网完善与道路拓宽的大局之中，切实做到拆违还路。2017 年 5 月 10 日，马连道北路拓宽工程完工。广外马连道北路拓宽工程完成道路划线，实现通车，标志着马连道北路整治工程全面完工。

曾经，"堵"是马连道北路的代名词。而如今，宽敞四车道取代了原来的两车道，人行道也得到了拓宽，极大地方便了居民的出行。为加强对马连道路的精细化管理，环境的美化绿化工作也随即跟进，在道路两旁栽种行道树，加装绿化带，新增的百余平方米绿化使整个道路环境焕然一新。同时修整道路东侧的围墙，安装了精美的铁围栏，成为一道亮丽的风景。

在马连道北路的整治过程中，街道统筹发挥街巷长作用，充分发扬敢于担当、敢打敢拼的优良作风，着力发挥支部建在项目的优势，确保整治工作按期保质保量完成。同时将整治工作与地区规划紧密结合，实现了"一张蓝图绘到底，一个拳头砸到底"的整治意图，为改善街巷环境、提高居民居住感受打下了良好的基础。

3. 南新里三巷（西段）

G 街道南新里三巷（西段），北起红居北街、南至红居南街，道路全长为 125.6 米，道路宽度为 6.8—8.8 米，西侧楼房总共 73 户，常住人口 197 人，流动人口 24 人。分属红居街社区与红居南街社区两个社区。

然而，在这条不到 200 米的小巷西侧却是一片脏乱现象集中点，一片平房几乎都是违法建设。小餐馆、小发廊、五金杂货铺等"七小"门店聚集，大大小小共有 20 多家，占道经营、乱挂广告牌匾、乱倒生活污水等乱象林立，严重影响附近居民的通行秩序和正常生活。

南新里三巷是广外地区居民反应强烈的街巷之一，其主要表现形式为"七小门店"众多，违建及开墙打洞现象严重，为了全面清除违法建设和开墙打洞现象，提升街巷环境品质，街道充分发挥主体作用，统筹协调，推进南新里三巷的环境整治。一是精心制定方案，充分做好前期准备工作。在进行集中整治前的半个月，南线里三巷街巷自治共建理事会实地走访摸排，绘制街巷示意图，建立街巷违章台账，明确违章性质，积极与项目联系人取得联系，进行主动沟通；二是积极主动沟通，平稳推进商户撤离等工作。街道联合城管执法部门工作人员、红居南街社区夕阳红志愿服务队文明劝导岗志愿者，挨家挨户主动上门与商户进行真诚沟通，认真细致做好拆除违法建设的政策讲解宣传工作，换来了居民们的信任与配合，取得了居民的理解和支持，南新里三巷（西段）的商户主动搬离，加速推进了街巷整治工作；三是统筹调动各方力量，全面清除违建，封堵"开墙打洞"。2017年4月25日上午，G街道联合城管、食药、工商等多个执法部门，对南新里三巷西侧200米长近500平方米的违法建设进行了依法拆除，清走"七小"门店22家，拆除违规广告牌匾13块，封堵"开墙打洞"门店两处，切实实现拆违还路；四是注重环境提升，加强日常管理，力争打造"精品街巷"。街巷长、街巷自治共建理事会定期展开街巷巡视工作，制定街巷巡视记录本，对街巷整治后的商户撤离、道路施工等相关问题进行及时关注，共同协商制定解决方案；同时街巷志愿服务团队充分发挥在日常工作中与居民建立起友好融洽关系的自身优势，广泛征求群众对于小巷环境提升的意见和建议，推动"人人为街巷、街巷为人人"的理念深入人心。

经过街巷综合整治，附近的居民感受明显，整治后彻底改变了原来路边小门脸卖早点的、送孩子上学的、上班通勤的都挤在一起、水泄不通的乱象。现在违法建设拆除了，道路宽敞了，这心里头也跟着亮堂了。经过整治，随着违建拆除和开墙打洞的治理，"七小门店"现象得到了明显遏制，拆出来的空间用于居民休闲散步，道路原有的通行困难现象也得到了明显改善，得到了附近居民的一致好评。经过街巷长积极发挥作用，南新里三巷的环境得到了明显改善。

4. 三义东里社区

G街道三义东里社区位于广安门外地区的西南部，辖区面积0.12平方千米，周边与三义里、红莲北里、马中里社区相邻，是典型的老旧小区，社区封闭性差，楼区与街巷互通互联，环境秩序差，历史遗留违建众多，严重侵占道路；沿街的居民楼一层住户均有开墙打洞现象，违规进行商用，"七小门店"遍布在整条街巷；停车难问题突出，历史遗留问题多，环境整治难度大，直接影响了辖区群众的生活品质。

随着"疏解整治促提升"工作和"背街小巷综合治理"工作的深入推进，三义东里社区从宣传到实施，在协助政府开展整治工作的同时征求听取群众建议，形成系列工作项目，把"政府要做"与"群众要做"结合在一起，顺利开展环境治理工作。

　　为了更好地做好背街小巷整治工作，社区在有关街巷长的指导下，充分发挥自治共建理事会作用，以"十有十无"的标准对辖区进行细致摸排，建立台账，不断完善有关数据，深入分析内在原因，尤其加大对违建和开墙打洞的摸底排查，做到清楚来龙去脉，清楚历史问题，切实对辖区存在问题做到底数清、情况明。

　　社区不断加大宣传发动，积极借助市区重点对街巷整治的良好契机，不断营造良好外部环境。从2017年4月份起，三义东里社区按照区街的要求在第一时间内成立了街巷工作自治共建理事会和志愿服务团队，召开社区居民代表会议，向广大居民宣传街巷整治工作开展的重要意义和现实目的，并且征求大家意见建议，始终坚持民意先行，对街巷的整治坚持需求导向，切实把街巷建设成群众自己的街巷。同时认真制定居民文明公约，并进行签订活动，一手抓街巷整治，一手抓素质提升。充分利用宣传栏、LED屏等有效宣传手段，对街巷整治工作进行系统宣传，努力争取广大群众的理解、支持与配合。以街道"智慧广外"公众号平台为依托，加大对地区街巷整治工作推进情况的宣传，方便广大居民了解工作动态。同时充分发挥自治共建理事会作用，既实现自管又实现自治，切实加强与街巷长的沟通协调，以实际行动对市区有关街巷整治的精神落实到位，加大志愿服务团队作用的发挥，对违建、开墙打洞等行为展开舆论攻势，与广外城管分队对辖区内开墙打洞、违规建设清理工作进行前期入户，发放整治工作告知书，劝导住户、商户配合政府做好街巷环境提升工作，为后期的彻底解决打下坚实的舆论基础

　　社区依托自治共建理事会，稳步推进工作进展，切实发挥志愿服务团队志愿服务岗位作用，积极配合做好街巷长们的"日巡、周查、月评"工作，同时把居委会的工作人员也分配为3个工作小组，分别负责5条街巷的日常巡视和志愿者队伍的组织活动，加强社区层面的共建理事会作用的发挥，保障综合整治工作的参与广泛性和长期持续性。在前期充分摸排基础工作到位的基础上，在街道的统筹协调下，根据民意立项征求意见中50%集中在违法建设、40%集中在开墙打洞，以及小饭馆油烟扰民等问题，街道联合城管、工商、食药、派出所等相关职能部门出动100余人，拆除违法建设54处，面积为1000余平方米，治理

"开墙打洞" 35 处，拆除违规广告牌匾 63 块，清退违规经营商户 59 家。

在街巷整治工作的整体推进情况下，马中里地区的几条街巷有了彻底改观，大批历史遗留问题得到了彻底根除。居民反应强烈的违建和开墙打洞得到彻底解决，侵占道路行为得到彻底改善。整治后的街巷整洁美观、与之前脏乱差形成了鲜明对比。街巷中堆积的废旧自行车也在社区的创新举措绿植换废旧自行车得以有效解决。地区违规经营、违规出租、乱贴乱挂等现象随之有了显著改善。周边居民纷纷称赞，期待整治后的街巷给大家留出一片干净、整洁的公共空间。

在此次背街小巷整治过程中，所取得的成绩，有三方面原因。一是党的领导是基础。马中里地区是广外街巷整治的硬骨头，其以多年的历史遗留问题著称，因此整治筹划之初，社区党委就坚定了信心和决心，充分发挥党组织的战斗堡垒作用，将支部建在项目上，党员包户做工作，打牢思想基础。在集中整治之前实现了部分住户的主动拆除，这是党组织发挥作用的充分体现。二是群众拥护是关键。本次整治行动社区高度注重宣传，及时通报街道整体工作动态，与市区整治的大环境相吻合，创造良好的外部氛围。从开始入户做工作到最终成功顺利拆违，还居民宽敞整洁的道路和宜居环境，无一例外地展示着政府担当作为、居民大力支持的良性建设氛围，处处体现出百姓对城市管理规范建设的期望与拥护。三是民意先行是前提。此次整治地区历史遗留问题多，群众自己的问题还得自己决定，因此在整治工作开始就坚持民意先行，坚持民意立项，让群众决定自己街巷的整治方向，充分调动了居民的积极性，同时也从根本上消除了整治工作中政府与居民的意见不合的现象出现。同时我们也对整治工作进行了反思，在封堵开墙打洞的工作中，虽然破窗现象得到了本质遏制，但是房屋实质用途并没有真正恢复，从街面开门转入楼内穿行，一定程度上又给居民楼内的生活安全带来了隐患。下一步我们将认真研究破解开墙打洞治理后的管理问题，切实使民宅回归民主的性质，彻底消灭民宅商用的现象出现。当城市形象关系着每一个生活在大街小巷中的人们，环境乱象的出现也是人们文明素质不足的体现，治理硬件同时还要不断以各种形式提升人们的内在认识。因此，社区将以街巷整治工作为抓手，以共建理事会为平台，结合社区党委、居委会的文明创建工作，长期持续地开展"礼在北京让出文明""蓝天行动"等主题教育实践活动，从自己家庭做起、从身边的小环境做起，充分调动居民的参与性和积极性，开展劝导、礼让行动，用居民自身的素质提升带动环境整洁度的提升，让大家的门前永远保持敞亮整洁的美丽街道。

5. 红居街社区试点推行《门店文明公约》

红居街社区地处广外大街南侧，南至红居南街，东起红居街，西至莲花河，面积约 0.62 平方千米，是由商品房、回迁房、经济适用房等 4 个小区组成的混合型社区，共有 5010 多户居民，11000 多人，辖区内大小单位门店商户共 160 多个。餐饮门店随意倾倒污水、废弃油脂，堆物堆料占用便道等乱象丛生，商户开墙打洞、私搭乱建、小商小贩占道经营等现象也极大地影响了周边街巷和居民的生活环境。借助背街小巷整治提升工作之势，"听命于民意"，社区着力探究如何规范辖区商户文明经营，加强自我约束，改善街面环境秩序。

为了解决社区的环境秩序等疑难问题，社区党委居委会结合辖区实际，多次召开两委班子会，深入思考，商讨解决办法。在实地走访，广泛征求居民与商户意见和建议的基础上，结合街巷长、街巷自治共建理事会、工商城管等职能部门加大检查力度等工作，借鉴楼栋居民自治模式，以网格为单位成立门店自治小组的方法，制定门店文明公约，使辖区商户、门店实现自我监督、自我管理、自我教育、自我服务。主要措施包括：

（1）借鉴居民自治模式，成立门店自治小组，搭建社区议事平台

借鉴楼栋自管会成熟的居民自治模式，按照地域位置，将门店以网格为单位进行细致划分，每个网格成立一个自治小组，成立 8 个门店自治小组，以推荐或自荐形式选出 1 名组长、2 名副组长，广泛征求居民群众、门店商户对于成立门店自治小组工作的意见建议，经过一致同意，根据日常工作开展情况，以有威信、有责任心和有奉献精神为推选条件，社区拟定出门店小组组长、副组长建议名单，在得到每家门店的签字认可，门店自治小组就此成立。

门店自治成立后，门店小组长每周与社区工作者对网格内的商户进行一次自查互查，对出现问题的门店进行及时劝导，并以身作则，规范经营，发挥门店自治小组组长的带头作用。

（2）结合地区特点，构建门店自治格局

社区结合辖区商户经营类别多、门店数量多等特点，以鼓励门店参与社区

建设为抓手，引导门店自治为理念，起草了内容以"四个坚持"为主的门店文明公约，即坚持"安全第一"、坚持"门前三包"、坚持"诚信经营"、坚持"参与各项活动及社区协商议事活动"。同时，社区挨家挨户走访辖区门店，广泛征求对拟定门店文明公约意见和建议，不断讨论修改和完善公约内容。

在得到所有门店的认可后，社区组织所有门店举行文明公约签约仪式。经举手表决，一致通过了《门店文明公约》。门店商户代表庄重承诺，将在经营中严格自律，遵纪守法，诚实守信，文明服务，积极参与创建文明有序的经营秩序。会后门店负责人在公约上签字，一式两份，一份社区存档，一份统一装裱悬挂在店内店外的明显位置，时刻警醒大家规范文明经营。

（3）发挥自治理事会作用，确保门店自治有效落实

发挥理事会的作用，依托社区五方协商共治机制，党委统筹，上下联动，全员参与。一是实地检查，落实公约。通过街巷长统筹协调，红居街社区居委会、物业公司会同工商、城管、食药、环卫等职能部门开展联合执法、联合检查，要求相关商户、门店严格按照门店文明公约进行文明经营，对随意倾倒废弃油脂、随意堆物堆料等不文明现象要求做到及时整改。二是群策群力，攻破难点。对商户门前的共同问题，由街巷自治共建理事会搭建平台，统筹相关商户进行协商探究解决措施。如针对商户门前电动车乱停乱放等"老大难问题"，召集了六家相关门店负责人讨论，经过协商，采取了门前划线的措施，对电动车统一整齐摆放。同时，各门店达成协议各自负责维护好门前的电动车摆放秩序。三是多方监督，促进整改。一方面，通过建立共建单位微信群，发动门店自治，对门店不文明行为进行通报，督促将整治工作落到实处。另一方面，充分利用社区的七个微信群平台即时发布门店文明公约和相关整治提升的内容，广泛接受居民监督。

（3）发动居民广泛参与

一是分层协商，广征民意。通过召开社区五次共治议事协商会和分层民主协商会，根据居民、商户的需求和意见，进行线上线下调查问卷3000余份，广大居民、商户对整改措施和门店文明公约的推行表示支持和认可，并提出了不少街巷提升建议。二是注重宣传，形成氛围。充分利用每月25号公益日、自查日、居民接待日活动等有力抓手倾听民声民意，接受居民对小区内外环境问题

的监督；充分利用红居百花园、社区大事记、社区快讯及美篇宣传工作动态，深度征求、融合民意，及时做到回应民生关切。

经过门店自治等一系列自治模式的探索，商户文明经营、规范经营的意识得到显著提升，街面秩序效果良好。一是商户门店经营行为得到明显改善。通过动员会、联合检查、督促整改，自行车、电动车乱停乱放、堆物堆料占用便道、随意倾倒污水现象明显减少，街巷环境有了明显改善。各门店都将街巷整治视作自家事，互相监督，互相劝告，营造了良好的经营氛围。二是街巷的共治环境基本形成。通过门店公约的签订，进一步完善了门店自治模式，也增进了社区、居民、门店之间的关系，调动了大家广泛参与背街小巷整治提升和社区各项工作中的积极性，营造了互帮互助、全民参与的良好氛围。

通过上述描述，在五方协商共治机制的基础上，可以得出红居街社区门店公约的主体协同关系图，如图5-3所示。红居街社区"门店公约"协同主体结构网络是在相关职能部门的协助下，街巷长、社区居委会、门店、居民、物业和社会组织共同参与的多元主体治理关系网络。

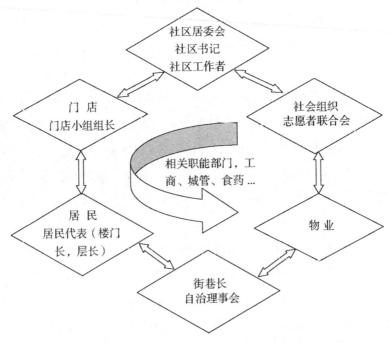

图5-3 红居街社区"门店公约"协同主体结构框架

此次门店自治探索实践的成功推行，一是对基层社会治理新模式的一次有益探索。形成了"党组织领导、居委会管理、群众主体、多元支撑、依法治理"的善治格局，还大幅度地提升了群众获得感和满意度。二是创新工作机制，推动背街小巷整治工作向纵深发展。充分发挥"五方共治协商议事平台"，广泛动员居民群众参与，不断完善自治机制，打造街巷管理品牌，从细从长助推背街小巷环境治理工作的开展。三是强调多元主体对社区事务的参与。在推进门店自治和其他社区事务中，应加强对民意征集广泛性方面的探索，提升沿街社会单位、政府职能部门和居民的参与度和积极性，借助多元主体的参与，着力推进把工作做深做实。

第四节　北京市背街小巷环境治理主体协同效果分析

一、主体协同效果及其影响因素的指标选取与模型构建

（一）主体协同效果的概念与指标选取

所谓协同效果，就是指当各个协同治理主体通过某种途径和手段有机地组合在一起后，其所发挥的整体功能总和大于各主体单独的、彼此分开时所发挥的功能。在协同治理的过程中，各治理主体通过协作，达到效应的最大化。研究用"居民对于背街小巷环境治理以来周围环境改善的满意程度"来反映主体协同效果。

（二）主体协同效果影响因素指标的选取及模型构建

1. 理论基础

社会协同治理是基于协同学理论和治理理论，主张政府、民间组织、企业、公民个人等社会多元要素相互协调、合作治理社会公共事务，在整合和发挥各类社会要素的功能优势中最大限度地维护和增进公共利益，推进社会有序、持续、和谐发展。它强调社会管理主体的多元性、协同性和有序性，是我国推进

社会建设、创新社会管理的有效模式。

社会资本作为 20 世纪 70 年代后期在资本概念内涵拓展的基础上发展起来的理论概念，已成为人类社会试图走出发展困境和探索治理之道的一种具有高度概括力的理论解释范式。如前所述，社会资本是一种基于普遍信任、参与网络、互惠性规范，能提高社会运转效率和激发社会持续发展活力的资源。在现代社会中，社会资本的组成要素应主要包括相互信任的心理认同感、共同的利益基础和价值取向、良好的制度规范、参与意识与合作精神、自治组织与社团、有序的参与网络等，其中人际信任、互惠规范、参与网络等是其基本形式。

在社会资本理论看来，建立现代社会管理体制，实际上就是促使构成社会的各要素以共同利益为基础，形成网络型交互作用的社会善治构架，建立起多渠道、高效率、规范化的表达、参与、协调与合作机制，实现社会管理过程中工具理性与价值理性的高度契合，实现公共利益最大化，进而促进社会和谐稳定和人的自由全面发展。可见，社会资本与实现社会协同治理存在着天然契合性和逻辑关联性。

（1）"普遍信任"是实现社会协同治理的心理基础

信任是社会资本最关键和本质性的核心要素。实现良好社会协同治理，前提是社会协同治理主体间的良好互信。在罗伯特·帕特南（Robert D. Putnam）看来，信任是社会资本必不可少的组成部分，一个社会的信任范围越普遍，诚信度越高，政府与社会、公民与政府、公民与社会、公民与公民之间的信任与合作越普遍，整个社会也就越繁荣发展。在当下社会利益关系日趋多样化，社会阶层不断分化、社会分歧不断扩大，社会"碎片化""原子化"趋势增强的情况下，实现社会协同治理更需要社会管理主体之间和全社会成员的普遍信任和共同合作。良好的信息资本则促进和扩大政府组织、社会组织、企业、公民个人等治理主体之间的彼此认同和良好合作，有助于完善社会管理体制，增强整个社会的凝聚力，为实现社会协同治理提供良好的心理基础。

（2）"互惠规范"是实现社会协同治理的制度保障

规范和秩序是社会"善治"不可或缺的要素。"互惠规范"作为社会资本三大核心要素之一，能增强社会协同的规范性和有序性，为实现社会协同治理提供良好的社会规范和秩序。社会规范是历史形成或规定的行为与活动的标准，规定着人与人之间的关系，发挥着调节、选择、评价、稳定、过滤、规范、约束等一系列的社会治理功能。它反映一个在社会化过程中发展起来的共同的价值体系，表现为道德规范、法律规范、理想信念、行为习惯等，是由公民在社会生活的过程中为了个人利益的有效实现而制定的规范，是一种自下而上形成并演进的秩序，具有约束和调节社会成员行为，促进社会信任与合作的功能。目前，社会管理主体趋向多元化，社会新阶层不断涌现，要实现有效的社会协同治理就必须凭借不同的社会规范形式约束各社会治理主体的行为，及时治理各种社会问题。没有良好的社会规范，就不可能实现社会协同治理效应。

（3）"社会网络"是实现社会协同治理的必要平台

"关系网络"也即社会网络，是社会行动者及其之间关系的集合，包括社会规范、社会信任、社会凝聚力、规范信息网络、社会关系网络、多功能组织、公民参与，以及权威关系、信任关系等社会行动者之间的各种关系。它可以连接不同的群体、族群和各类利益集团，能使利益偏好存在差异甚至冲突的各方尊重彼此的关切，并通过平等协商加以解决，避免不必要的冲突，维护社会的和谐稳定。同时，它还能在政府、企业、社会组织和公民之间形成沟通合作的管道，增进和扩大彼此互信，为社会实现协同治理奠定良好的社会基础。它既能为公民的利益表达提供多种渠道，促进政府、社会与公民之间的良性互动，为社会协同治理创造"善治"空间，又能促进合作、团结、民主等公民精神的培养，克服集体行动的困境，提升整个社会协同治理效能。

可见，社会资本与实现社会协同治理存在着天然契合性和逻辑关联性。优质的社会资本是社会协同治理得以实现以及维持的基础与纽带，也是实现社会良好社会协同效果的基本要素。因此，本研究从社会资本三大要素中选取影响背街小巷环境协同治理效果的指标，并运用相关性分析模型分析协同效果指标与各指标之间的相关关系，判定背街小巷环境治理的社会协同治理效果。

2. 协同效果影响因素指标的选取

社会资本理论关于社会协同效果评价的三大基本要素为我们提供了基本构

建思路。参考社会资本理论中普遍信任、互惠规范和社会网络三大基本要素，结合背街小巷环境协同治理的基本特点选取协同效果的影响指标。

（1）普遍信任

信任是社会资本中必不可少的组成因素。帕特南用实证分析的方法阐述了信任的价值，其在意大利发达地区所起到的促进作用，不论在经济上抑或政府绩效方面都有显著成效。帕特南指出，信任与合作存在正比例关系，高的信任水平会提高合作的可能性，这对意大利发达地区的发展有着关键作用。合作所需要的信任并不是盲目的，相信某个人，是因为知道他的性格，他的能力以及他可能面临的选择与后果等，我们期望他会选择符合我们心中的做法。要想使信任的最大价值得到发挥，需要将个体间的信任转化为群体性信任，即社会信任。在背街小巷环境治理中，只有政府、社区、物业、居民之间通过相互合作产生相互信任，在信任的基础上加深合作，才可以形成正向的协同效应。在此次 G 街道背街小巷治理中，街巷长、社区、物业、居民之间通过协商议事产生的规则形成稳定的内部模型机制，这个内部模型机制的判别标准是信任，在信任的基础上进一步促进合作，形成更高层次稳定的协同，实现社会资本的积累。因此，笔者选取居民对街巷长的信任程度、对自治共建理事会的信任程度、对社区居委会的信任程度和对社区大部分居民的信任程度等指标来反映。

（2）互惠规范

互惠性规范存在于人们的社会交往之中，且只在社会交往时才能够出现，帕特南比较重视"互惠"规范，认为普遍的互惠可产生高度的社会资本，生产性较强。普遍的互惠规范注重持续的交换关系，秉持着短期利他、长期利己的原则。强调的是居民自觉遵守"为他人"原则，运用道德规范约束自己。要想减少投机行为，必须遵循这一规范，有利于解决集体行动问题。减少了人们之间的交易成本，促进其合作。奥斯特罗姆（Elinor Ostrom）认为，规范就是具体规定什么样的行动是需要的和被禁止的，或者被允许的和被授权制裁的。

最初，协同主体间不一定能够自觉地按照合作的规则行事，机会主义产生、互相背叛现象的存在都是可能的。无规范也许会使个别主体获得很多的短期利益，但由于无规范的混乱导致的个人长期利益的损失要远远大于个人短期利益的获得，因此，从长期利益考虑，协同主体自然会商讨契约的制定、规则的完善、合约的有效，这种由主体自身利益出发对规范的要求，比单纯由国家机构制定行政性指令更有效。在横向交流中形成社会规范，与纵向交流中形成的社会规范是不一样的。在纵向交流中形成的社会规范，是自上而下灌输的。而横向交流中形成的社会规范，是在平行交流、民主合作的氛围中形成的，因而规范的自我约束力大大增强。平行联系保障每一人力资本个体的独立交易地位和平等谈判权利，较少产生等级压抑和被剥夺感。参与能够增强规范的科学性，继而产生权威性，也必然增加执行规范的自觉性。如，这次背街小巷治理中，红居街社区商户借鉴楼栋居民自治模式，以网格为单位成立门店自治小组的方法，制定门店文明公约，商户、门店实现自我监督、自我管理、自我教育、自我服务。社区为门店起草门店公约，门店公约的内容是互惠的，可以促进商户遵守约定。门店公约的产生也是自发性的。通过微信群由大家共同协商修订门店公约，在大家一致同意后形成固定的治理规则。各商户在规则之中相互协同，形成协同行动的规范，产生高度的协同效应。通过协商产生的门店公约具有互惠性，以公约的形式形成稳定的互惠规范，在社区的监督下各个商户严格遵守公约。任何一个商户违反公约造成环境问题，立马会由负责人通过协商的方式予以解决。在出现解决困难时，社区、街巷长会协助予以解决问题，实现协同治理闭环。此外，在G街道背街小巷环境治理中，政府与社区之间有紧密的制度规范，相互之间利益冲突和权责重叠较少。社区、物业、居民之间长期相互合作、互相交流，以自治的形式形成规范，体现在自治共建理事会的章程和居民公约的制定上。章程和公约的形成也能为街巷治理带来互惠和利益，促进街巷环境提升的同时也提升了居民的生活质量。

此外，在此次背街小巷治理中，拆除违法建筑、对停车收费也是影响街巷治理的重要因素，事关居民、物业、政府、社区、商户的利益。因此考察互惠的规范主要体现在对拆除违建的赞同方面、对停车收费的态度方面。这两个方面是目前背街小巷治理过程中利益的冲突点和矛盾点，作为形成互惠规范的判定指标分析主体协同治理的效果。

（3）社会网络

社会资本是与个体所拥有或者熟识的关系网络息息相关，资源是由某一群体所赋予。社会也是由多种多样的社会网络构成的，他们之间相互沟通、相互协作以及相互信任。个体建立自身的社会关系需要通过与他人的互动交流，共同参与了某项事情，或者讨论了某一问题。帕特南也提出了"参与合作"，公民通过"参与"这一动态过程，构建自己的社会关系网络。个体只有真正地参与到与他人的互动中，彼此了解，信任关系方可建立。另外，个体参与网络可增加该网络的潜在成本，促进人与人的进一步交流。可见，在社会网络问题中，很关键的一部分内容是健全背街小巷环境治理过程中协同主体的参与机制。街巷长作为政府工作人员，具有政府部门的正式的社会关系网络，在街道层级和纵向职能部门层级之间联系密切。社区工作者长期在社区做群众工作，与楼门院长、居民等长期沟通交流，形成密切的网络关系。街巷物业虽然进驻街巷时间短，但是凭借自身专业化的能力也赢得了居民的认可，同样形成紧密的网络结构。街巷长、社区、物业、居民之间相互联系，构成了更加复杂的社会关系网络。从居民角度来说，社会网络更多地体现在与街巷长、自治共建理事会、邻居、社区居委会的沟通，和"街巷通""随手拍"等技术参与手段的了解与使用程度上。

3. 协同效果评价模型的构建

根据普遍信任、互惠规范和社会网络评价指标构建背街小巷环境治理主体协同效果评价模型，如图5-4所示。

4. 评价方法

课题运用相关性分析模型分析协同效果指标与各指标之间的相关关系，判定背街小巷环境治理的协同效果。一般来说，统计关系分为线性相关和非线性相关，线性相关又分为正线性相关和负线性相关。根据自变量个数又可分为单相关（只有一个自变量及因变量）和多元相关（两个或两个以上的自变量及因变量）。线性回归分析法以相关性原理为基础，在经济范畴的活动中，常常存在着某一市场现象的变化由几个影响因素起到决定性影响作用的情况，即一个因变量和多个自变量有依存关系的情况。并且，很多时候这些影响因素的主次难以区分，或者有的因素虽然属于次要因素，却又不能完全忽略其作用。多元线

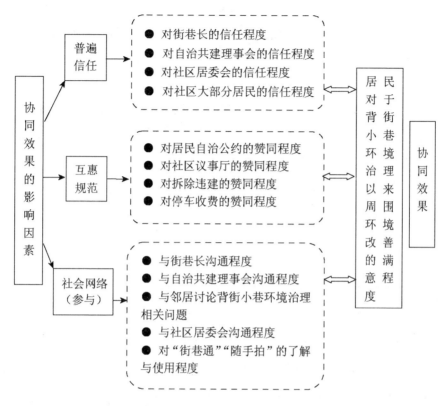

图 5-4　背街小巷环境治理主体协同效果评价模型

性回归分析法，是指当解释变量与被解释变量之间存在线性关系时，通过对两个或两个以上的解释变量与一个被解释变量的相关分析。

由于背街小巷环境治理主体间协同效果好坏受到外部各项因素的影响，对协协同效果的评价与回归，首先是建立协同效果与其影响因素之间线性关系的计量经济模型。运用变量两两之间的相关性判定各因素与协同效果指标是否相关，以此断定是否发挥协同效果。协同效果相关关系体现在三个方面。一方面是如果各指标与居民满意度指标呈正相关关系，表明各指标与居民满意度之间正向相关，指标的提升有助于协同效果的整体提升。另一方面是各指标与居民满意度指标呈负相关关系，表明指标的提升会减弱协同效果。还有一方面是各指标与居民满意度指标之间没有相关关系，表明这个变量的变化与协同效果之间没有联系。在这种关系下会出现两种情况，一种情况是在理论上这个指标应该与协同指标有联系，但是现实情况没有发生联系，需要进行深入分析，表明目前协同效果不好。另一种情况是在理论上这个指标与协同指标之间没有联系，两者相互印证。

本部分运用 SPSS 软件处理相关性分析。运用相关系数判别主体之间的相关程度。在数据的处理上，为了更直观地反映出相关关系，笔者将涉及指标构建问题的选项归结为三类，一类是赞同选项，赋值为 3；一类是一般选项，赋值为 2；一类是反对选项，赋值为 1。由于选择其他选项的回答者不多，且内容都可以用三类指标表达。因此，在选择其他的选项上，按照问卷回答者填写的内容归到三类之中。赋值方法和归类符合街巷治理的实际情况和统计学要求。

二、问卷调查及相关性分析结果

(一) 调查说明

2018 年 11 月中旬，课题组通过问卷星向 G 街道下设的 28 个社区居民随机发放了 611 份调查问卷。问卷分为两部分：第一部分为受访者的基本情况，包括年龄、学历、所在社区、职业等；第二部分是了解受访者对背街小巷环境协同治理的认知、需求与建议，收集居民对于背街小巷环境协同治理的疑问顾虑与合理建议。课题组共发放问卷 611 份，回收有效问卷 611 份。

(二) 调查结果基本统计与分析

1. 被调查者基本情况的统计结果

(1) 您的性别是 (　　　)

选项	小计	比例	
男	220		36.01%
女	391		63.99%
本题有效填写人次	611		

（2）您所在社区是（　　　）

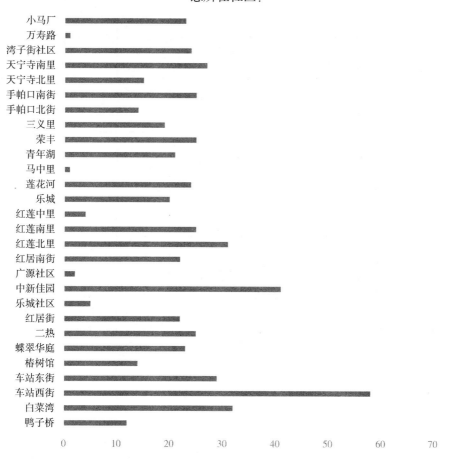

您所在社区？

（3）您的年龄是（　　　）

选项	小计	比例
20 岁以下	8	1.31%
21—35 岁	125	20.46%
36—55 岁	299	48.94%
56 岁及以上	179	29.3%
本题有效填写人次	611	

（4）您的文化程度是（   ）

选项	小计	比例
硕士及以上	23	3.76%
大学本科	247	40.43%
大专学历	201	32.9%
大专以下	140	22.91%
本题有效填写人次	611	

（5）您的职业是（   ）

选项	小计	比例
机关/事业单位	190	31.1%
企业普通员工	202	33.06%
企业中高层管理人员	27	4.42%
个体经营户	20	3.27%
离退休人员	172	28.15%
本题有效填写人次	611	

从以上被调查者基本情况数据可以看出，受访者中男性受访者 220 名，占比 36.01%，女性受访者 391 名，占比 63.99%。受访者所在社区共 28 个，基本涵盖 G 街道的所有社区。受访者以中老年居多，占到 78.24%，其中，年龄在 36—55 岁的占 48.94%，56 岁以上的占 29.3%。受访者文化程度以本科和大专学历居多，占七成以上，职业以机关事业单位、企业普通员工和离退休人员居多，各占比大概三分之一。

2. 居民对于背街小巷环境治理以来周围环境改善的满意程度的统计结果

（6）您对"G街道背街小巷环境整治提升工作"的满意程度（　　）

选项	小计	比例
非常满意	486	79.54%
比较满意	119	19.48%
不满意	6	0.98%
本题有效填写人次	611	

在对"G街道背街小巷环境整治提升工作"的满意程度的回答中，大约八成的居民表示非常满意，20%的居民表示比较满意，还有可以改进的地方，但也有6位居民表示不满意。

3. 居民对于背街小巷环境治理中普遍信任情况的统计结果

（7）您对街巷长的信任程度（　　）

选项	小计	比例
非常信任	490	80.2%
比较信任	116	18.99%
不信任	5	0.82%
本题有效填写人次	611	

（8）您对自治共建理事会的信任程度（　　）

选项	小计	比例
非常信任	488	79.87%
比较信任	116	18.99%
不信任	7	1.15%
本题有效填写人次	611	

（9）您对您所在社区居委会在背街小巷整治工作中的信任程度（　　　）

选项	小计	比例
非常信任	514	84.12%
比较信任	90	14.73%
不信任	7	1.15%
本题有效填写人次	611	

（10）您对您所在社区大部分居民的信任程度（　　　）

选项	小计	比例
非常信任	465	76.1%
比较信任	144	23.57%
不信任	2	0.33%
本题有效填写人次	611	

　　从居民对于背街小巷环境治理中普遍信任情况的统计结果中可以看出，大多数居民对于街巷长、自治共建理事会和社区居委会在背街小巷环境治理工作中的信任程度较高，其中，对于社区居委会的信任度最高，84.12%的居民非常信任居委会。但也有20%左右的居民对街巷长、自治共建理事会和社区居委会的信任程度中选择比较信任和不信任。此外，居民之间的相互信任程度较好，76.1%的居民是非常信任社区其他居民的。

　　4. 居民对于背街小巷环境治理中互惠规范情况的统计结果

　　（11）您对居民自治公约的赞同程度（　　　）

选项	小计	比例
非常赞同	489	80.03%
比较赞同	119	19.48%
不赞同	3	0.49%
本题有效填写人次	611	

（12）您对社区议事厅的赞同程度（   ）

选项	小计	比例
非常赞同	499	81.67%
比较赞同	107	17.51%
不赞同	5	0.82%
本题有效填写人次	611	

（13）您对停车收费的赞同程度（   ）

选项	小计	比例
非常赞同	427	69.89%
比较赞同	153	25.04%
不赞同	31	5.07%
本题有效填写人次	611	

（14）您对拆除违建的赞同程度（   ）

选项	小计	比例
非常赞同	526	86.09%
比较赞同	83	13.58%
不赞同	2	0.33%
本题有效填写人次	611	

（20）您对 G 街道背街小巷环境整治工作有何建议？

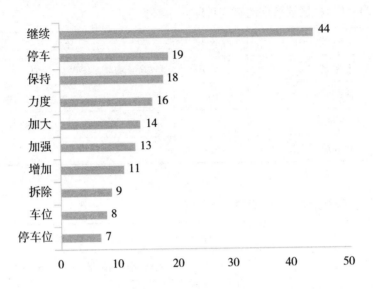

从居民对于背街小巷环境治理中互惠规范情况的统计结果中可以看出，大多数居民对于居民自治公约、社区议事厅和拆除违建的赞同度较好，其中拆除违法建设中的非常赞同选项达到 86.09%，这和 G 街道在背街小巷中拆违先行的特色是息息相关的。相比之下，居民对于停车收费的赞同度一般，三成的居民对于停车收费的态度持保留意见。此外，从最后一道填空题的关键字提取图中也可以看到，居民在意见中涉及最多的词语是停车、车位和停车位。

5. 居民对于背街小巷环境治理中社会网络（参与）情况的统计结果

（15）您与街巷长沟通程度（　　）

选项	小计	比例	
经常沟通	415		70.34%
偶尔沟通	146		24.75%
基本不沟通	29		4.92%
本题有效填	590		

（16）您与自治共建理事会沟通程度（ ）

选项	小计	比例
经常沟通	406	68.81%
偶尔沟通	156	26.44%
基本不沟通	28	4.75%
本题有效填写人次	590	

（17）您与邻居讨论背街小巷环境治理相关问题的程度（ ）

选项	小计	比例
经常讨论	443	75.08%
偶尔讨论	124	21.02%
基本不讨论	23	3.9%
本题有效填写人次	590	

（18）您与社区居委会关于背街小巷环境整治工作相关问题的沟通程度（ ）

选项	小计	比例
经常沟通	449	76.1%
偶尔沟通	119	20.17%
基本不沟通	22	3.73%
本题有效填写人次	590	

（19）您对"街巷通""随手拍"的了解与使用程度（ ）

选项	小计	比例
了解并经常使用	398	67.46%
不太了解，偶尔使用	135	22.88%

选项	小计	比例
不了解，基本不使用	57	9.66%
本题有效填写人次	590	

从居民对于背街小巷环境治理中社会网络（参与）情况的统计结果中可以看出，七成以上的居民与街巷长、社区居委会和邻居的沟通较好，但对于自治共建理事会的沟通程度一般，将近四成的居民与自治理事会处于偶尔沟通和基本不沟通的情况中。同时，居民对于对"街巷通""随手拍"的了解与使用程度也一般，三成以上的居民选择不太了解，偶尔使用和基本不使用。

（三）指标间相关性分析

根据 SPSS 分析结果，各指标相关系数如下表 5-1 所示。

一般来说，相关系数在取绝对值后，0—0.09 为没有相关性，0.1—0.3 为弱相关，0.3—0.5 为中等相关，0.5—1.0 为强相关。由表中可以看出，"您对 G 街道背街小巷环境整治提升工作的满意程度"与"您对街巷长的信任程度""您对自治共建理事会的信任程度""您对您所在社区居委会在背街小巷整治工作中的信任程度""您对您所在社区大部分居民的信任程度""您对居民自治公约的赞同程度""您对社区议事厅的赞同程度""您与街巷长沟通程度""您与自治共建理事会沟通程度"和"您与社区居委会关于背街小巷环境整治工作相关问题的沟通程度"呈显著的正相关关系，相关系数分别为 0.774、0.754、0.742、0.660、0.620、0.647、0.561、0.580 和 0.541，且具有统计学意义上的显著关系。与"您与邻居讨论背街小巷环境治理相关问题的程度""您对拆除违建的赞同程度"和"对街巷通随手拍的了解与使用程度"呈现中等相关性，相关系数分别为 0.456、0.464 和 0.460，与"您对停车收费的赞同程度"呈现弱相关性，相关系数为 0.232。具体来说，这些数据对于协同性的影响主要体现在以下四点。

1. 居民满意度效果评价

按照评价标准，对表 5-1 进行整理可得下表 5-2。

表5-1 背街小巷环境治理指标间相关分析

		您对"广外街道背街小巷环境整治提升工作"的满意程度	您对街巷长的信任程度	您对自治共建理事会的信任程度	您对您所在社区居委会在背街小巷整治工作中的信任程度	您对您所在社区大部分居民的信任程度	您对居民公约自治的赞同程度	您对社区议事厅的赞同程度	您对停车收费的赞同程度	您对环境改造建造的赞同程度	您与街巷长沟通程度	您与自治共建理事会沟通程度	您与邻居讨论背街小巷环境治理相关问题的认同程度	您与社区居委会关于背街小巷环境治理工作相关问题的沟通程度	您对"街巷通""随手拍"的了解与使用程度
您对"广外街道背街小巷环境整治提升工作"的满意程度	Pearson 相关性	1	.774**	.754**	.742**	.660**	.620**	.647**	.232**	.556**	.561**	.580**	.464**	.541**	.460**
	显著性（双侧）		.000	.000	.000	.000	.000	.000	.000	.000	.000	.000	.000	.000	.000
	N	611	611	611	611	611	611	611	611	611	611	611	611	611	611
您对街巷长的信任程度	Pearson 相关性	.774**	1	.841**	.757**	.712**	.661**	.698**	.335**	.474**	.605**	.565**	.536**	.549**	.459**
	显著性（双侧）	.000		.000	.000	.000	.000	.000	.000	.000	.000	.000	.000	.000	.000
	N	611	611	611	611	611	611	611	611	611	611	611	611	611	611
您对自治共建理事会的信任程度	Pearson 相关性	.754**	.841**	1	.776**	.693**	.636**	.699**	.357**	.534**	.593**	.572**	.520**	.511**	.465**
	显著性（双侧）	.000	.000		.000	.000	.000	.000	.000	.000	.000	.000	.000	.000	.000
	N	611	611	611	611	611	611	611	611	611	611	611	611	611	611

续表

		您对"广外街道青衣衔小巷环境整治提升工作"的满意程度	您对衔巷长的信任程度	您对自治事共建理会的信任程度	您对您所在社区居委会青衣衔小巷整治工作中的信任程度	您对您所在社区大部分居民的信任程度	您对居民自治公约的赞同程度	您对社区议事厅赞同程度	您对停车收费的赞同程度	您对拆除违建的赞同程度	您与衔巷长沟通程度	您与自治事共建理会沟通程度	您与邻居讨论青衣小巷环境治理相关问题的程度	您与社区居委会关于青衣衔小巷环境相关治工作问题的沟通程度	您对"衔巷""通""随手拍"的了解与使用程度
您对您所在社区居委会青衣衔小巷整治工作中的信任程度	Pearson 相关性	.742**	.757**	.776**	1	.656**	.629**	.674**	.381**	.464**	.519**	.529**	.504**	.515**	.440**
	显著性（双侧）	.000	.000	.000		.000	.000	.000	.000	.000	.000	.000	.000	.000	.000
	N	611	611	611	611	611	611	611	611	611	611	611	611	611	611
您对您所在社区大部分居民的信任程度	Pearson 相关性	.660**	.712**	.693**	.656**	1	.729**	.632**	.349**	.533**	.624**	.601**	.532**	.533**	.490**
	显著性（双侧）	.000	.000	.000	.000		.000	.000	.000	.000	.000	.000	.000	.000	.000
	N	611	611	611	611	611	611	611	611	611	611	611	611	611	611
您对居民自治公约的赞同程度	Pearson 相关性	.620**	.661**	.636**	.625**	.729**	1	.781**	.442**	.518**	.552**	.545**	.438**	.480**	.489**
	显著性（双侧）	.000	.000	.000	.000	.000		.000	.000	.000	.000	.000	.000	.000	.000
	N	611	611	611	611	611	611	611	611	611	611	611	611	611	611

续表

		您对"广外街道背街小巷环境整治提升工作"的满意程度	您对衔巷长的信任程度	您对自治共建理事会的信任程度	您对所在社区居委会背街小巷整治工作的信任程度	您对所在社区居民大部分的信任程度	您对居民公约自治费的同程度	您对社区议事厅的赞同程度	您对停车收费的赞同程度	您对拆除违建的赞同程度	您与街巷长沟通程度	您与自治共建理事会沟通程度	您与邻居讨论背街小巷环境治理相关问题的程度	您与社区居委会关于背街小巷环境整治工作相关的沟通程度	您对"街巷通""随手拍"的了解与使用程度
您对社区议事厅的赞同程度	Pearson相关性	.647*	.698**	.699**	.674**	.632**	.781**	1	.457**	.555**	.532**	.540**	.495**	.522**	.433**
	显著性（双侧）	.000	.000	.000	.000	.000	.000		.000	.000	.000	.000	.000	.000	.000
	N	611	611	611	611	611	611	611	611	611	611	611	611	611	611
您对停车收费的赞同程度	Pearson相关性	.532*	.535**	.557**	.481**	.549**	.542**	.557**	1	.448**	.516**	.522**	.438**	.460**	.478**
	显著性（双侧）	.000	.000	.000	.000	.000	.000	.000		.000	.000	.000	.000	.000	.000
	N	611	611	611	611	611	611	611	611	611	611	611	611	611	611
您对拆除违建的赞同程度	Pearson相关性	.456**	.474**	.434**	.464**	.533**	.518**	.555**	.348**	1	.347**	.363**	.303**	.336**	.263**
	显著性（双侧）	.000	.000	.000	.000	.000	.000	.000	.000		.000	.000	.000	.000	.000
	N	611	611	611	611	611	611	611	611	611	611	611	611	611	611

续表

		您对"广外街道背街小巷环境整治提升工作"的满意程度	您对街巷长的信任程度	您对自治共建会的信任程度	您对所在社区居委会在背街小巷治理工作中的信任程度	您对所在社区居委会大部分居民的信任程度	您对居民自治公约的赞同程度	您对社区议事厅的赞同程度	您对停车费收取的赞同程度	您对拆除违建的赞同程度	您与街巷长沟通程度	您与自治共建会沟通程度	您与邻居讨论背街小巷环境治理相关问题的程度	您与社区居委会关于背街小巷环境整治工作的相关沟通程度	您对"街巷通""随手拍"的了解与使用程度
您与街巷长沟通程度	Pearson相关性	.561**	.605**	.593**	.519**	.624**	.552**	.532**	.416**	.547**	1	.872**	.704**	.725**	.650**
	显著性（双侧）	.000	.000	.000	.000	.000	.000	.000	.000	.000		.000	.000	.000	.000
	N	611	611	611	611	611	611	611	611	611	611	611	611	611	611
您与自治共建会沟通程度	Pearson相关性	.580**	.565**	.572**	.529**	.601**	.545**	.540**	.322**	.563**	.872**	1	.712**	.750**	.667**
	显著性（双侧）	.000	.000	.000	.000	.000	.000	.000	.000	.000	.000		.000	.000	.000
	N	611	611	611	611	611	611	611	611	611	611	611	611	611	611
您与邻居讨论背街小巷环境治理相关问题的程度	Pearson相关性	.464**	.536**	.520**	.504**	.532**	.438**	.495**	.338**	.503**	.704**	.712**	1	.801**	.623**
	显著性（双侧）	.000	.000	.000	.000	.000	.000	.000	.000	.000	.000	.000		.000	.000
	N	611	611	611	611	611	611	611	611	611	611	611	611	611	611

续表

		您对"广外街道背街小巷环境治理提升工作"的满意程度	您对街巷街长的信任程度	您对自治共建理事会的信任程度	您对您所在社区居委会在背街小巷整治工作中的信任程度	您对所在社区大部分居民的信任程度	您对居民自治公约费的程度	您对社区议事厅的赞同程度	您对停车收费的赞同程度	您对拆除违建的赞同程度	您与街巷长沟通程度	您与自治共建理事会沟通程度	您与邻居讨论背街小巷环境相关治理问题的程度	您与社区居委会关于背街小巷环境相关问题的沟通程度	您对"街巷通""随手拍"的了解与使用程度
您与社区居委会关于背街小巷整治工作相关问题沟通程度	Pearson 相关性	.541**	.549**	.511**	.515**	.533**	.480**	.522**	.360**	.536**	.725**	.750**	.801**	1	.682**
	显著性（双侧）	.000	.000	.000	.000	.000	.000	.000	.000	.000	.000	.000	.000		.000
	N	611	611	611	611	611	611	611	611	611	611	611	611	611	611
您对"街巷通""随手拍"的了解与使用程度	Pearson 相关性	.460**	.465**	.440**	.490**	.489**	.433**	.378**	.563**	.650**	.667**	.623**	.682**	.682**	1
	显著性（双侧）	.000	.000	.000	.000	.000	.000	.000	.000	.000	.000	.000	.000	.000	
	N	611	611	611	611	611	611	611	611	611	611	611	611	611	611

**. 在 .01 水平（双侧）上显著相关。

第一，普遍信任的建立，在治理中对街巷长、自治共建理事会、所在社区居委会以及对周边大部分居民较好的信任提升了居民满意度，产生了协同效应，协同效果较好。在此次背街小巷环境治理过程中，对街巷长、自治理事会、社区居委会与周边居民的信任程度与提升居民满意度之间表现出很强的相关性，可见，普遍信任的增加非常有助于协同效果的产生和培育。信任程度越高，协同效果越好。

第二，互惠规范的制定与实施，在 G 街道背街小巷环境治理中，社区、物业、居民之间长期相互合作、互相交流，以自治的形式形成规范，体现在自治共建理事会的章程和居民公约的制定上。对居民自治公约和社区议事厅的赞同程度与提升居民满意度之间表现出较强的相关性，相关系数分别为 0.620 和 0.647，对章程、公约、议事厅的认可能为街巷治理带来互惠和利益，促进街巷环境提升的同时也提升了居民的生活质量。但是，对于拆除违法建筑、停车收费方面，相关系数分别 0.464 和 0.232，呈现出较弱的相关关系。表明在这两个领域，尤其是停车收费上，协同效果并不好。

第三，社会网络（参与）方面，建立相互之间的联系提升居民满意度，产生协同效应，协同效果较好。网络是建立在相互联系的基础上。在此次背街小巷环境治理中，与街巷长、理事会使用社区 App、公众号、微信群程度的目的都是为了测定相互之间的联系。结果表明产生联系可以促进居民满意度的提升。此次治理产生了正向的协同效果。与街巷长、理事会使用交流工具联系越紧密，居民满意程度越高，产生更好的协同效果。此外，在联系程度的正向相关关系对比上，与理事会联系的紧密程度对居民满意度的相关关系影响最大，证明理事会在网络中发挥了很好的纽带作用。居民与街巷长之间的联系程度增强也能促进协同效果的提升。信息化平台"街巷通""随手拍"的建设也有助于增加联系，提升居民满意度，但呈现的相关性中等，大约 0.46，在网络中的作用还有待提高。总之，在此次背街小巷治理之中，建立相互联系产生了正向的协同效果。

表5-2 居民满意度效果评价

		您对街巷长的信任程度	您对自治共建会的信任程度	您对所在社区居委会背街小巷整治工作的信任程度	您对所在社区大部分居民的信任程度	您对居民自治公约的赞同程度	您对社区议事厅的赞同程度	您对停车收费的赞同程度	您对拆除违建的赞同程度	您与街长沟通程度	您与自治共建会沟通程度	您与邻居讨论背街小巷治理相关问题的程度	您与社区居委会干部背街小巷环境整治工作相关问题的沟通程度	您对"街巷通""随手拍"的了解与使用程度
您对"广外街道背街小巷环境整治提升工作"的满意程度	Pearson相关性	.774**	.754**	.742**	.660**	.620**	.647**	.232**	.556**	.561**	.580**	.464**	.541**	.460**
	显著性（双侧）	.000	.000	.000	.000	.000	.000	.000	.000	.000	.000	.000	.000	.000
	N	611	611	611	611	611	611	611	611	611	611	611	611	611

*. 在.01水平（双侧）上显著相关。

2. 普遍信任：协同效果及影响评价

信任是社会资本最关键和本质性的核心要素，是社会协同效果产生的基础和根本。信任与合作存在正比例关系，高的信任水平会提高合作的可能性，而实现良好社会协同治理，前提是社会协同治理主体间的良好互信。从以上数据可以看出，信任在此次背街小巷环境治理中发挥了重要作用，形成了正相关关系，信任的产生促进了协同的产生。一方面，反映普遍信任的四个指标，即对街巷长的信任、对自治共建理事会的信任、对所在社区居委会信任以及对周边大部分居民的信任，与社会网络之间所呈现的相关系数较高，说明对街巷长、自治共建理事会、社区居委会以及周边大部分居民的信任已经在社会网络或者说社会参与中起到了正向作用，促进了系统协同效应的正向演化。但是相比较而言，对与街巷长的信任的相关系数最高（表5-3），分别是0.661、0.698、0.335、0.474、0.605、0.565、0.536、0.549、0.459，可见，对街巷长的工作的认可和信任，在促进整个网络形成信任上起到了最为重要的作用。相对于街巷长而言，对自治共建理事会、居委会和社区居民的信任虽然也在发挥作用，但要弱于街巷长与网络之间的关联度。总之，可以看出，G街道背街小巷环境治理在普遍信任的基础上已经形成进一步的合作关系，可以期待实现更高层次的协同状态。

3. 互惠规范：协同效果及影响评价

互惠的规范在主体协同中发生的作用还有待提升。互惠的规范是形成长效协同的保障，也是社会资本维持的关键要素。互惠的规范形成各主体的协同内部机制模型。对居民自治公约和对社区议事厅的赞同程度与其他指标之间的相关关系较强（表5-4），表示在街巷环境治理中，自治公约和议事厅较好地推动了协同效应的产生。在街巷环境治理中的两大难题分别是拆除违建和停车收费。由表中可得，在街巷停车收费方面，街巷停车收费与社会网络指标之间表现出弱相关关系，表明在治理街巷停车收费方面发挥协同效应有限，需要培育。但是在拆除违建方面表现出的相关性较好，拆除违建与联系理事会的程度、联系街巷长程度具有正相关关系，表明与理事会联系越紧密，拆除违建的态度越坚决，理事会与居民之间在拆违方面已经建立协同效应，且协同效应较好，这和G街道拆违先行的特色密不可分。

表5-3　普遍信任协同效果影响

		您对"广外街道背街小巷环境治理提升工作"的满意程度	您对街巷长的信任程度	您对自治共建理事会信任的程度	您对您所在社区居委会在背街小巷治理工作中的信任程度	您对您所在社区大部分居民的信任程度	您对居民自治公约的赞同程度	您对社区议事厅的赞同程度	您对停车收费的赞同程度	您对拆除违建的赞同程度	您与街巷长沟通程度	您与自治共建理事会沟通程度	您与邻居讨论背街小巷环境相关治理问题的程度	您与社区居委会关干背街小巷环境整治工作相关问题沟通程度	您对"街巷通随手拍"的了解与使用程度
您对巷长的信任程度	Pearson相关性	.774**	1	.841**	.757**	.712**	.661**	.698**	.335**	.474**	.605**	.565**	.536**	.549**	.459**
	显著性（双侧）	.000		.000	.000	.000	.000	.000	.000	.000	.000	.000	.000	.000	.000
	N	611	611	611	611	611	611	611	611	611	611	611	611	611	611
您对自治共建理事会信任程度	Pearson相关性	.754**	.841**	1	.776**	.693**	.636**	.699**	.357**	.534**	.593**	.572**	.520**	.511**	.465**
	显著性（双侧）	.000	.000		.000	.000	.000	.000	.000	.000	.000	.000	.000	.000	.000
	N	611	611	611	611	611	611	611	611	611	611	611	611	611	611
您对您所在社区居委会在背街小巷整治工作中的信任程度	Pearson相关性	.742**	.757**	.776**	1	.656**	.629**	.674**	.381**	.464**	.519**	.529**	.504**	.515**	.440**
	显著性（双侧）	.000	.000	.000		.000	.000	.000	.000	.000	.000	.000	.000	.000	.000
	N	611	611	611	611	611	611	611	611	611	611	611	611	611	611

续表

		您对"广道背外街小巷环境整治提升工作"的满意程度	您对街巷长的信任程度	您对自治共建理事会的信任程度	您对您所在社区居委会在背街小巷整治工作中的信任程度	您对您所在社区大部分居民的信任程度	您对居民自治公约的赞同程度	您对社区议事厅的赞同程度	您对停车收费的赞同程度	您对拆除违建的赞同程度	您与街巷长沟通程度	您与自治共建理事会沟通程度	您与邻居讨论背街小巷环境治理相关问题的同程度	您与社区居委会背街小巷环境整治工作相关问题的沟通程度	您对"街巷通""随手拍"的了解与使用程度
您对您所在社区大部分居民的信任程度	Pearson相关性	.660**	.712**	.693**	.656**	1	.729**	.632**	.349**	.533**	.624**	.601**	.532**	.533**	.490**
	显著性（双侧）	.000	.000	.000	.000		.000	.000	.000	.000	.000	.000	.000	.000	.000
	N	611	611	611	611	611	611	611	611	611	611	611	611	611	611

＊＊．在 .01 水平（双侧）上显著相关。

表5-4 互惠规范协同效果影响

		您对"背街小巷环境整治提升工作"的满意程度	您对街巷长的信任程度	您对自治共建理事会的信任程度	您对您所在社区居委会整街小巷工作中的信任程度	您对您所在社区居民大部分居民的信任程度	您对居民公约自治的赞同程度	您对社区议事厅的赞同程度	您对停车收费的赞同程度	您对拆除违建的赞同程度	您与街巷长沟通程度	您与自治共建理事会沟通程度	您与邻居讨论背街小巷环境治理问题的同程度	您与社区居委会关于背街小巷环境整治工作相关问题的沟通程度	您对"街巷通""随手拍"的了解使用程度
您对居民公约自治的赞同程度	Pearson相关性	.620**	.661**	.636**	.629**	.729**	1	.781**	.442**	.518**	.552**	.545**	.438**	.480**	.489**
	显著性（双侧）	.000	.000	.000	.000	.000		.000	.000	.000	.000	.000	.000	.000	.000
	N	611	611	611	611	611	611	611	611	611	611	611	611	611	611
您对社区议事厅的赞同程度	Pearson相关性	.647**	.698**	.699**	.674**	.632**	.781**	1	.457**	.555**	.532**	.540**	.495**	.522**	.433**
	显著性（双侧）	.000	.000	.000	.000	.000	.000		.000	.000	.000	.000	.000	.000	.000
	N	611	611	611	611	611	611	611	611	611	611	611	611	611	611
您对停车收费的赞同程度	Pearson相关性	.532**	.535**	.557**	.481**	.549**	.542**	.557**	1	.448**	.516**	.522**	.438**	.460**	.478**
	显著性（双侧）	.000	.000	.000	.000	.000	.000	.000		.000	.000	.000	.000	.000	.000
	N	611	611	611	611	611	611	611	611	611	611	611	611	611	611

续表

		您对"广外街道背街小巷环境整治提升工作"的满意程度	您对街巷长的信任程度	您对自治共建会的信任程度	您对所在社区居委会背街小巷整治工作的信任程度	您对您所在社区大部分居民的信任程度	您对居民自治公约的赞同程度	您对社区议事厅的赞同程度	您对停车收费的赞同程度	您对拆除违建的赞同程度	您与街巷长沟通程度	您与自治共建会事理沟通程度	您与邻居讨论背街小巷环境相关治理问题的程度	您与社区居委会关于背街小巷环境整治工作相关问题的沟通程度	您对"街巷通""随手拍"的了解与使用程度
您对拆除违建的赞同程度	Pearson相关性	.456**	.474**	.434**	.464**	.533**	.518**	.555**	.348**	1	.347**	.363**	.303**	.336**	.263**
	显著性（双侧）	.000	.000	.000	.000	.000	.000	.000	.000		.000	.000	.000	.000	.000
	N	611	611	611	611	611	611	611	611	611	611	611	611	611	611

**. 在 .01 水平（双侧）上显著相关。

4. 社会网络（参与）：协同效果及影响评价

社会网络社会实现协同治理奠定良好的社会基础。它既能为公民的利益表达提供多种渠道，促进政府、社会与公民之间的良性互动，为社会协同治理创造"善治"空间又能促进合作、团结、民主等公民精神的培养，克服集体行动的困境，提升整个社会协同治理效能。在社会网络问题中，很关键的一部分内容是健全背街小巷环境治理过程中协同主体的参与机制。形成网络对主体协同发挥了重要的作用。形成网络体现在街巷长、理事会、居民、社区居委会等主体之间的互动联系方面。表5-5最明显的特征有：与街巷长的沟通程度与联系理事会的程度体现的相关关系是最强的。这表明，在网络构建中，街巷长和自治理事会发挥着不可替代的作用，且非常有利于协同效果的产生。与街巷长和自治理事会联系越紧密，普遍信任和互惠规范就越好。其次是与社区居委会和邻居的联系程度呈现的相关系数，分别大约为0.5左右，中等相关。相关系数体现最弱的是对"街巷通""随手拍"的了解与使用程度，可见，信息技术的使用还需要加强。

（四）小结

从这次问卷调查的总体结果来看，G街道背街小巷环境治理主体间协同效果已经产生，社会协同指标与社会网络、普遍信任和互惠规范指标都具有较好的正相关关系，是同向演化的状态。

首先，G街道背街小巷环境治理协同主体间普遍信任基本建立，并形成了进一步的合作关系，可以期待实现更高层次的协同状态。对街巷长、自治共建理事会、所在社区居委会以及对周边大部分居民较好的信任提升了居民满意度，促进了协同效应的产生，协同效果较好。对街巷长的工作的认可和信任，在促进整个网络形成信任上起到了最为重要的作用。相对于街巷长而言，对自治共建理事会、居委会和社区居民的信任虽然也在发挥作用，但要弱于街巷长与网络之间的关联度。总之，G街道背街小巷环境治理主体间通过相互信任构建起较为牢固的合作网络，而信任的产生反过来也会促进互惠规范的长效保持，促进各主体之间相互合作，互惠共赢。

其次，互惠的规范在主体协同中发生的作用还有待提升。互惠的规范是形成长效协同的保障，也是社会资本维持的关键要素。对居民自治公约和社区议事

表5-5　社会网络（参与）协同效果影响

		您对"广外街道背街小巷环境整治提升工作"的满意程度	您对街巷长的信任程度	您对自建理事会的信任程度	您对所在社区居委会在背街小巷整治工作的信任程度	您对所在社区大部分居民的信任程度	您对居民自治公约的赞同程度	您对社区议事厅的赞同程度	您对停车收费的赞同程度	您对拆除违建的赞同程度	您与街巷长沟通程度	您与自建共建理事会沟通程度	您与邻居讨论背街小巷环境相关治理问题的程度	您与社区居委会关于背街小巷环境整治工作相关沟通程度	您对"街巷通""随手拍"的了解与使用程度
您与街巷长沟通程度	Pearson 相关性	.561**	.605**	.593**	.519**	.624**	.552**	.532**	.416**	.547**	1	.872**	.704**	.725**	.650**
	显著性（双侧）	.000	.000	.000	.000	.000	.000	.000	.000	.000		.000	.000	.000	.000
	N	611	611	611	611	611	611	611	611	611	611	611	611	611	611
您与自建共建理事会沟通程度	Pearson 相关性	.580**	.565**	.572**	.529**	.601**	.545**	.540**	.322**	.563**	.872**	1	.712**	.750**	.667**
	显著性（双侧）	.000	.000	.000	.000	.000	.000	.000	.000	.000	.000		.000	.000	.000
	N	611	611	611	611	611	611	611	611	611	611	611	611	611	611
您与邻居讨论背街小巷环境相关治理问题的程度	Pearson 相关性	.464**	.536**	.520**	.504**	.532**	.438**	.495**	.338**	.503**	.704**	.712**	1	.801**	.623**
	显著性（双侧）	.000	.000	.000	.000	.000	.000	.000	.000	.000	.000	.000		.000	.000
	N	611	611	611	611	611	511	611	611	611	611	611	611	611	611

续表

		您对"广外街道背街小巷环境整治提升工作"的满意程度	您对街巷长的信任程度	您对自治共建议事会的信任程度	您对您所在社区居委会背街小巷整治工作中的信任程度	您对您所在社区大部分居民的信任程度	您对居民公约的赞同程度	您对社区议事厅的赞同程度	您对停车收费的赞同程度	您对环除建造的赞同程度	您与街巷长沟通程度	您与自治共建议事会沟通程度	您与邻居讨论背街小巷环境治理相关问题程度	您与社区居委会关于背街小巷环境整治工作相关问题的沟通程度	您对"街巷通随手拍"的了解与使用程度
您与社区居委会关于背街小巷环境整治工作相关问题的沟通程度	Pearson相关性	.541**	.549**	.511**	.515**	.533**	.480**	.522**	.360**	.536**	.725**	.750**	.801**	1	.682**
	显著性（双侧）	.000	.000	.000	.000	.000	.000	.000	.000	.000	.000	.000	.000		.000
	N	611	611	611	611	611	611	611	611	611	611	611	611	611	611
您对"街巷通随手拍"的了解与使用程度	Pearson相关性	.460**	.459**	.465**	.440**	.490**	.489**	.433**	.378**	.563**	.650**	.667**	.623**	.682**	1
	显著性（双侧）	.000	.000	.000	.000	.000	.000	.000	.000	.000	.000	.000	.000	.000	
	N	611	611	611	611	611	611	611	611	611	611	611	611	611	611

**. 在 .01 水平（双侧）上显著相关。

213

厅的认可促进了协同效果产生，同时也有助于背街小巷环境治理的实施。但拆除违法建筑和停车收费上，协同效果不够理想，需要培育。总之，在 G 街道背街小巷环境中，各主体通过平等协商形成互利互惠、相互联系的治理规范，相互之间建立联系，形成多元协同共治的规范。

最后，社会网络（参与）方面，建立相互之间的联系提升居民满意度，产生协同效应，协同效果较好。与街巷长、理事会、使用社区 App、公众号、微信群程度的目的都是为了测定相互之间的联系。结果表明在街巷长、理事会、居民、社区居委会等主体之间的互动联系促进了居民满意度的提升，产生了正向的协同效果。值得注意的是，信息化平台"街巷通""随手拍"在网络中的作用还有待提高。从相关性数据可以看出，居民、物业、商户、街巷长、志愿者、居委会等在平等协商、相互信任和互惠规范中，形成了协调有序环境治理网络。

第五节　其他问题与对策建议

一、其他问题

指标间相关性分析只表明指标之间相互关联的趋势，应当结合各指标目前的状态进而深入分析判断社会协同情况，对反映出的状态进行深入分析。

（一）协同主体间联系紧密程度仍需加强

在 G 街道背街小巷治理中，典型的共建自治理事会的主要组成成员包括街巷长、社区责任人、居民代表、政府职能部门组成人员。理事会的成员人数少，街巷的居民参与理事会的决策少，大多数居民不参与理事会之中，减少了居民与街巷长、社区的协同关系。在调查中过程中发现，从居民对于背街小巷环境治理中社会网络（参与）情况的统计结果中可以看出，七成以上的居民与街巷长、社区居委会和邻居的沟通较好，但对于自治共建理事会的沟通程度一般，将近四成的居民与自治理事会处于偶尔沟通和基本不沟通的情况，这表明自治共建理事会虽然定位是群众自治组织，但是尚未完全发挥联系居民群众的作用。

同时，居民对于对"街巷通""随手拍"的了解与使用程度也一般，三成以上的居民选择不太了解、偶尔使用和基本不使用。

（二）街巷长负担过重，且绩效评价不够细化

一方面，街巷长的负担过重，弱化了其他部门的职责。

在强化街巷长职责的同时也弱化了网格和社区、物业应该发挥的管理作用。在调研中也可以发现这类问题。有些街巷长可以解决的小问题，可自行解决；有些较大问题需要上报并纳入原来的机制，按照流程处理。网格和社区居委会的职能弱化了。末端执法成了保障措施，执法部门跟不上，仅靠街巷长口头功夫，难度很大，且形成了街巷干部任务重、居委会不作为的现状。如下班时间一些商家的门口摆摊行为凸显，仅靠物业保安既不能起到震慑作用又耗费太多资金。执法成本较大，且需要根据街巷情况来安排执法部门、保安、街道的工作顺序。网格中心的主要职责是安排城市管理网格单元的网格员履行"发现问题—上报网格中心—网格中心派发到职能部门—职能部门解决反馈居民"的闭环流程，居民也可以通过网格平台主动上报案件。在此次街巷治理中，街巷长发挥查找问题，上报问题的职责，在一定程度上弱化了网格员的职责，造成了行政资源的浪费和管理成本的上升。此外，街巷长主动深入街巷发现问题，也会影响单位日常的管理事务。

社区的主要职责是联系群众、培育社区骨干、解决社区问题等。但是在实际执行过程中，街巷长也有联系人民群众、培育社区骨干、协调资源共享、推动问题解决的职责。在实际运行街巷长制的过程中，社区主要任务是在自身职责范围内协助街巷长开展工作。在职能重新调配的基础上，弱化了社区的职责，造成了社区不作为的情况。实际上，街巷长并无法承担这么多职责。

另一方面，街巷长的考评制度体系还不够细化，街巷办公室与街巷长压力过大。

对于街巷长制合理有效的考核评价，有助于实现街巷管理标准和管理对象的精准细化，提升背街小巷环境治理工作的实效性。在调研中发现，目前 G 街道对于街巷长的考评存在以下问题。一是目前未有针对街巷长的正式考评制度出台，二是由于街巷长选拔以各科室科级干部为主，专业职能上差距较大，部分街巷长对于背街小巷治理工作积极性、把控性不足，在各方问题解决时，城

管科或者街巷办公室负担过重，工作量很大。三是在现行的市区级的考评中，并未把街巷长个人工作情况作为考核对象，而主要考评对象是街巷办公室，因此，其他科室的街巷长就有可能会出现推诿现象，导致街巷办公室压力更大。此外，由于街巷长都是兼任，因此，背街小巷专项考核的影响力度远低于其部门本职工作的考核，因此工作重心自然有所倾斜。

（三）政府协同成本高，停车问题有待协同解决

政府在协同过程中需要付出的协同成本高。一方面体现在街巷长作为街道干部参与街巷治理，但是很多街道干部并不是城市管理部门人员，对城市管理法律法规缺乏了解。在实际管理街巷的过程中不能很好地完成治理工作。另一方面体现在街巷长作为街道干部，与居民沟通较少，缺乏与群众沟通的技巧和经验，难以与居民做好沟通工作。在以街巷长主责、社区配合、居民参与的模式下很难发挥协同治理的作用。

在此基础上，降低协同成本应该分清居民愿意参与的领域，鼓励居民参与到街巷环境治理中。停车收费问题是 G 街道街巷环境治理中面临的重要问题。在停车问题上各主体之间存在不协同的问题。在政府针对性地提出了停车管理解决办法后，停车问题依然难以解决。例如，M 街道街巷长所述情况：第一，针对街巷停车问题，首先想到的解决办法是划定停车位，却发现划定的停车位根本无法满足停车需求。第二，划定车位，要求满足证件要求的车主才能停车，但是部分车主长期居住在此，即使无完善证件也需要停车。第三，进行划定车位统一管理的试点区，即使办了停车证件，也不敢发放，因为车位不够，一旦发放就会引起居民纠纷。

在停车问题上，涉及居民的利益。由于空间的有限性，一个车占车位后会导致其他居民不能使用此车位，具有很强的排他性。根据问卷调查，三成的居民对于停车收费的态度持保留意见。此外，从最后一道填空题的关键字提取图中也可以看到，居民在意见中涉及最多的词语是停车、车位和停车位。在调研中也发现，大多数居民都表示愿意参与到停车自治管理之中，在自治中承担引导车辆秩序、提供空闲停车位、合理收费等情况。政府在解决停车问题时，没有发挥居民的功能和作用，政府与居民之间难以实现协同治理关系。

（四）主体参与性不足

协同治理需要政府、自由市场、各类社会组织和社会公众等多元主体之间

相互配合、协同参与，有效管理公共事务，使公共利益最大化，真正实现善治。在背街小巷环境治理中，来自政府的、社会的、市场的各类主体以及社区居民自身，正在通过各自的方式不同程度地参与到治理过程中。从目前的治理实践来看，多元主体在参与程度、频率上存在较大差异。表现尤为明显的是居民，居民本应是背街小巷环境治理的主要参与主体。居民的广泛参与是实现背街小巷环境整治走向治理可持续的关键，但是大多数居民由于缺少主人翁意识和对背街小巷环境治理问题基本的认同感、归属感，导致参与意愿不高，参与程度浮于表面；参与范围有限，低端事务参与较多，被动式参与、执行式参与较多。

另外在调研中发现，社会组织的参与度也远远不足。社会组织作为协同治理主体之一，在背街小巷环境治理中应扮演"协调者"的角色和"桥梁"作用。社会组织要充分发挥自身在专业性、民间性这一特点，利用自身的优势去弥补其他主体在背街小巷环境治理过程中存在的短板。G街道成立了67个社区志愿服务团队，团队由辖区单位和居民组成，分别设立文明劝导岗、巡视监督岗和环境美化岗，以文明劝导规范不文明行为，以巡视监督加强对街巷的管理力度，以环境美化营造"志愿服务为街巷，街巷美丽靠大家"的良好氛围。虽取得了一些成效，但其参与的广度与深度仍然有待提升，专业性还有待增强。

二、对策建议

（一）完善自治网络，进一步理顺主体间协同关系

1. 进一步细分自治单元，完善自治网络

将街道社区自治单元逐层细分，可分为楼门、楼、小区、街巷、街区、社区；社区商业街、百姓服务中心等的自治单元是商户小组，可推广G街道红居街社区商户自治的经验，各小组可以组成商户联合会。商户联合会受自治理事会和社区的监督。每一个居民、商户自治单元按照平等协商为原则建立自治集聚体，形成居民自治、商户自治网络。再上一个层级上形成自治理事会、与社区、物业形成社区自治网络。再上一个层级构成以街巷长、社区、物业、自治理事会为主的多中心治理网络。再上一个层级包括政府管理部门，与街巷长制对接，形成政府主导的社会协同治理网络。

2. 支持街巷长和理事长发挥政社联合作用

完善理事会章程，进一步明确理事会成员的具体职责，重点是发挥街巷长将政府的城市管理法规、政策落到社区，把政府的公共服务资源带到社区，把社区环境建设需求上传到政府的枢纽作用。进一步强化街巷长作为区政府派出机构代表的身份，弱化街巷长的职位等级身份；强化街巷长协调政府资源，协调解决问题的职能。支持理事长作为街巷管家或街巷总理，组织社区开展环境自治，反映居民和驻区单位的需求，多方获取政府资源和各种支持的作用。

3. 促进理事会各成员间互动网络的发展

在街巷长、理事长与理事会成员产生联系的基础上，理事会成员之间、理事会成员与居民之间也需要形成互动的网络。理事会成员作为居民代表，是联系居民的桥梁和纽带，应该成为联系居民的关键。此外，还应加强对街巷长的培训。对街巷长定期进行培训，包括能力培训和业务培训。沟通协调能力和协商议事能力应作为能力培训的重点，业务培训主要包括讲解城市管理相关法律法规、主要工作方法和措施等。同时加强对理事会成员，尤其是居民代表的培训，从而增强其履职能力，提升协同效果。

（二）完善街巷长制度建设，建立有效考评机制

"街巷长制"借鉴了"河长制"的经验与做法，并实现了范围的扩展和领域的延伸。街巷长制是党建引领"街乡吹哨、部门报到"改革的重要内容，也是加强城市精细化管理的重要举措，为推进街巷长制各项工作顺利开展，及时全面掌握街巷长工作进展情况，确保街巷长制度的工作全面落实，应将街巷长考核评价纳入市区级政府重点工作，作为干部联系群众的重要途径，作为锻炼干部、培养干部的重要方式，把考核结果作为干部年终考核和提拔使用的重要依据。

考核上应建立市、区、街（乡镇）三级考核评价体系。市城市管理委会同首都文明办等部门每季度组织对各区街巷长制工作进行考核评价。各区每月组织对街道（乡镇）街巷长制工作进行考核评价。街道（乡镇）每周组织对街巷长履职情况进行考核评价。考核可以采取检查和评价相结合的方式开展。检查包括专项检查、拉练检查、第三方检查等。检查主要了解街巷长制组织培训情况，知情、监督、处置和评价职责落实情况，街巷环境整治提升、落实日常管

理责任和深化文明街巷创建情况，对接辖区内责任规划师，街巷长公示牌是否悬挂、电话是否畅通、街巷内居民环境问题处置的满意度评价情况等；评价包括问题评价和社会评价，问题评价主要是指各类媒体反映街巷环境问题的报道和领导批示的重点问题。社会评价主要是指辖区单位、居民对街巷长制和街巷内环境的评价。同时，市、区考核评价还包括辖区对街巷长工作的自我评价及每月考核评价情况。

对于考核结果可以实行百分制，可以将结果划分为优秀、合格、不合格三个等级（90 分以上为优秀，80 分至 90 分为良好，60 分至 80 分为合格，低于 60 分为不合格）。考核结果应作为干部任用与问责的重要依据。对于考核结果优秀的街巷长和有关单位，按比例给予奖励与通报表扬。

（三）改善平等协商机制，促进利益目标一致性

一是以改善环境作为目标建立平等协商机制。在明确街巷治理目标的基础上，政府应充分考虑居民、物业、社区目前发挥的功能和作用。发挥居民在违建拆除、停车管理、对物业监督等方面的作用。发挥物业在此基础上通过协商形成街巷治理共识，政府不干涉居民、物业、社区能发挥良好作用的领域。二是发挥街巷长协调作用。在涉及利益目标冲突时，能够运用自身的工作能力和经验、法律法规协调利益主体达成共识。街巷长在发现街巷环境问题时，通过调动居民、理事会、社区的资源，通过劝解、说服等形式协商解决问题，化解矛盾。三是弱化街巷长的行政身份，强化街巷长作为政府代表参与居民平等协商议事的功能。通过协商而不是管理的手段达到合作的目的。政府、社区、居民、物业相互之间建立平等协商关系，进而推进主体协同，降低协同成本。

（四）加强宣传和平台建设，鼓励主体参与

一是运用传统方式进行宣传。通过建立社区宣传栏、发放宣传资料、张贴宣传标语等方式向居民和社区进行背街小巷专项治理工作的宣传，向社区积极分子、居民代表、社区小组长等通过走访形式进行重点讲解，由他们协助宣传，鼓励居民积极参与。二是通过定期组织沟通协调会，对难点、重点问题进行协调、协商和决策。利用固定公开、定期公开、随时公开等手段，向居民汇报背街小巷近期治理进展。三是充分利用新媒体平台，如社区微信、微信群、公众号等向居民宣传背街小巷工作的治理进度、民生意义与现有成效，同时进一步

公示所在街巷的街巷长、理事会的组成成员的详细信息、管辖范围、处理街巷问题的权限等。此外充分宣传和利用"随手拍"功能，鼓励居民等通过随手拍一键报送的方式，将发现的问题直接报送到微信公众平台或公众号上，然后派发到相关科室或职能部门进行处理。此外信息平台的建设还要考虑年龄特点，在治理工具运用上也要多利用微信群、公众号等更加方便的手段与 App、手机软件等相结合，充分调动居民积极性，利用居民的力量促进治理的提升和监督维护。此外，对于社会组织，建议将一些专业社会组织，比如，环保类社会组织、法律类社会组织、志愿服务类社会组织引入 G 街道背街小巷环境治理中，明确职责，积极配合政府，扩大背街小巷环境治理效果。

参考文献

［1］冯刚，王汇．北京整治背街小巷的必要性及工作建议［J］．前线，2017（8）：83-85.

［2］背街小巷"颜值"全面升级 超8成受访居民满意［N］．北京晨报，2018-08-21.

［3］刘卫平．社会协同治理：现实困境与路径选择——基于社会资本理论视角［J］．湘潭大学学报（哲学社会科学版），2013（4）：20-24.

［4］陈成干．城市基层社会协同治理的模式研究［M］．北京：北京工业大学，2015.

［5］中国领导决策案例研究中心．北京设立"街长""巷长"专治背街小巷［J］．领导决策信息，2017（16）：18-19.

［6］刘刚，朱金福．机坪安全灰色评价方法［J］．西南交通大学学报，2008，43（5）：600-604.

［7］张红鸽．基于灰色系统理论的危险源辨识方法研究［D］．太原：太原理工大学，2007.

［8］SATTY T L. The Analytic Hierarchy Process：Planning，Priority Setting，Resource Allocation［M］．New York：McGraw-Hill，1980.

［9］张明广，蒋军成．基于层次分析法的重大危险源模糊综合评价［J］．南京工业大学学报，2006，28（2）：31-34.

［10］杨莉娜，浑宝炬，张超．模糊综合评价法在矿井瓦斯事故危险源评价中的应用［J］．河北煤炭，2007（2）：22-24.

［11］余福茂，肖亮，袁飞．主成分分析在重大危险源风险评价中的应用研究［J］．中国安生产科学技术，2008，4（5）：42-45.

［12］ZHONG X L, ZHOU S L, ZHAO Q G. Soil Contamination and its eco-environmental impacts in the urban-rural marginal area ［J］. Soils, 2006, 38 (2): 122-129.

［13］张建明, 许学强. 城乡边缘带研究的回顾与展望 ［J］. 人文地理, 1997, 12 (3): 5-8.

［14］PRYOR R J. Defining the rural-urban fringe ［J］. Social Forces, 1968, 47 (2): 202-215.

［15］HAHS A K, MCDONNELL M J. Selecting independent measures to quantify Melbourne's urban-rural gradient ［J］. Landscape and Urban Planning, 2006, 78 (4): 435-448.

［16］ALBERTI M, MARZLUFF J M, SCULENBERGER E, et al. Integrating humans into ecology: opportunities and challenges for studying urban ecosystems ［J］. Bio Science, 2003, 53 (12): 1169-1179.

［17］LOCKABY B G, ZHANG D, MCDANIEL J, et al. Interdisciplinary research at the urban-rural interface: the West Ga project ［J］. Urban Ecosystems, 2005, 8 (1): 7-21.

［18］GANT R L, ROBINSON G M, FAZAL S. Land-use change in the 'edge lands': policies and pressures in London's rural-urban fringe ［J］. Land Use Policy, 2010 (1): 266-279.

［19］YOKOHARI M, TAKEUCHI K, WATANABE T, et al. Beyond greenbelts and zoning: a new planning concept for the environment of Asian mega-cities ［J］. Landscape and Urban Planning, 2000, 47 (3/4): 159-171.

［20］HIDDING M C, TEUNISSEN A T J. Beyond fragmentation: new concepts for urban-rural development ［J］. Landscape and Urban Planning, 2002, 58 (2): 297-308.

［21］KLUMPP A, ANSEL W, KLUMPP G, et al. Ozone pollution and ozone biomonitoring in European cities. Part I: Ozone concentrations and cumulative exposure indices at urban and suburban sites ［J］. Atmospheric Environment, 2006, 40 (40): 7963-7974.

［22］LI Z, PORTER E N, SJDIN A, et al. Characterization of PM2. 5-bound polycyclic aromatic hydrocarbons in Atlanta-Seasonal variations at urban, suburban, and rural ambient air monitoring sites [J]. Atmospheric Environment, 2009, 43 (27): 4187-4193.

[23] 陈佑启. 城乡交错带名辨 [J]. 地理学与国土研究. 1995, 11 (1): 47-52.

[24] 宋国恺. 城乡接合部研究综述 [J]. 甘肃社会科学, 2004 (2): 104-108.

[25] 罗彦, 周春山. 中国城乡边缘区研究的回顾和展望 [J]. 城市发展研究, 2005, 12 (1): 25-30.

[26] 孔祥利. 城乡接合部政府治理转型的困境与突围——以北京市为重点观察对象 [J]. 湖南社会科学, 2012 (2): 100-105.

[27] 汪元元, 王凤春, 马东春. 北京市城乡接合部污水处理设施运行管理模式 [J]. 南水北调与水利科技, 2011, 9 (5): 136-140.

[28] ZHOU Y M, HAO Z P, WANG H L. Pollution and source of atmospheric volatile organic compounds in urban-rural juncture belt area in Beijing [J]. Environmental Science, 2011, 32 (12): 3560-3565.

[29] ZHENG X Y, CHEN D Z, LIU X D, et al. Spatial and seasonal variations of organ chlorine compounds in air on an urban-rural transect across Tianjin, China [J]. Chemosphere, 2010, 78 (2): 92-98.

[30] YU N, WEI Y J, HU M, et al. Characterization and source identification of ambient organic carbon in PM2.5 in urban and suburban sites of Beijing [J]. Alta Scientiae Circumstantiate, 2009, 29 (2): 243-251.

[31] WANG J, ZHANG H X, WANG X K, et al. Study on air pollutants in there representative regions of Beijing [J]. Environmental Chemistry, 2011, 30 (12): 2047-2053.

[32] SO K L, WANG T. On the local and regional influence on ground-level ozone concentrations in Hong Kong [J]. Environmental Pollution, 2003, 123 (2): 307-317.

[33] 黄宝荣, 张慧智. 城乡接合部人-环境系统关系研究综述 [J]. 生态学报, 2012 (23): 7607-7621

[34] HIDDING M C, TEUNISSEN A T J. Beyond fragmentation: new concepts for urban-rural development [J]. Landscape and Urban Planning, 2002, 58 (2): 297-308.

[35] CHAN S L, HUANG S L. A systems approach for the development of a sustainable community-the application of the sensitivity model [J]. Journal of Environmental Management, 2004, 72 (3): 133-147.

[36] 陈永霞, 薛惠锋, 王媛媛, 等, 基于系统动力学的环境承载力仿真与调控 [J]. 计算机仿真, 2010, 27 (2): 294-298.

[37] 毕军, 杨洁, 李其亮. 区域环境风险分析与管理 [M]. 北京: 中国环境科学出版社, 2006.

[38] 毛小苓, 刘阳生. 国内外环境风险评估研究进展 [J]. 应用基础与工程科学学报, 2003 (3): 266-273.

[39] 段小丽, 王宗爽, 于云江, 等. 垃圾填埋场地下水污染对居民健康的风险评价 [J]. 环境监测管理与技术, 2008, 20 (3): 20-24.

[40] 陈小威, 刘文华, 刘芬, 等. 湘江沉积物重金属污染现状及生态风险评价 [J]. 环境监测管理与技术, 2011, 23 (1): 42-46.

[41] 吴闻博. 对解决跨界污染问题的几点思考 [J]. 山东环境, 2002, 31 (7): 21-24.

[42] 霍斯特·希伯特. 环境经济学 [M]. 5版. 蒋敏元, 译. 北京: 中国林业出版社, 2002.